Philosophische Bibliothek

aus der Sammlung Göschen

Stand vom Januar 1932

Die geistige Situation der Zeit von Prof. Dr. Karl Jaspers
in Heidelberg . . . . Nr. 1000

Philosophisches Wörterbuch von Dr. Max Apel . . . . . Nr. 1031

Hauptprobleme der Philosophie von Prof. Dr. Georg Simmel Nr. 500

Einführung in die Philosophie von Dr. Max Wentscher, Professor
an der Universität Bonn . . . . Nr. 281

Psychologie und Logik zur Einführung in die Philosophie von
Prof. Dr. Th. Elsenhans, neubearbeitet von Oberstudiendirektor
Dr. Artur Buchenau . . . . Nr. 14

Psychologie von Dr. Th. Erismann, Professor an der Universität
Bonn. 3 Bände . . . . Nr. 831, 832, 833

Angewandte Psychologie von Dr. Th. Erismann, Professor
an der Universität Bonn . . . . Nr. 774

Psychologie der Berufsarbeit und der Berufsberatung (Psycho-
technik) von Dr. Th. Erismann, Prof. a. d. Universität Bonn, und
Dr. Martha Moers, Städt. Berufsberaterin in Bonn. 2 Bde. Nr. 851, 852

Psychologie der Religion von Dr. Rich. Müller-Freienfels in
Berlin. 2 Bände . . . . Nr. 805, 806

Ethik von Professor Dr. Otto v. d. Pfordten . . . . Nr. 90

Allgemeine Ästhetik von Prof. Dr. Max Diez, Lehrer an der
Akademie der bildenden Künste in Stuttgart . . . . . . Nr. 300

Metaphysik von Dr. Max Wentscher, Professor an der Universität
Bonn. Mit 2 Figuren . . . . Nr. 1005

Erkenntnistheorie von Dr. Max Wentscher, Professor an der
Universität Bonn. 2 Bände . . . . Nr. 807, 808

Grundriß der Psychophysik von Prof. Dr. G. F. Lipps in Zürich.
Mit 3 Figuren . . . . Nr. 98

Religionsphilosophie von Professor Dr. Otto v. d. Pfordten . Nr. 772

Theosophie nebst Anthroposophie und Christengemeinschaft von
Pfarrer Lic. Kurt Lehmann-Issel . . . . Nr. 971

Die okkulten Phänomene im Lichte der Wissenschaft von Dr. Karl
Herm. Schmidt. Mit 14 Fig. . . . . Nr. 872

Geschichte der Philosophie I: Die griechische Philosophie.
Erster Teil. Von Professor Dr. W. Capelle in Hamburg . Nr. 857

Weitere Bände sind in Vorbereitung

Alle Rechte, insbesondere das Übersetzungsrecht,
von der Verlagshandlung vorbehalten

Archiv-Nr. 11 1000

21. bis 30. Tausend

Druck von Walter de Gruyter & Co., Berlin W 10

Inhaltsübersicht.

	Seite
Einleitung	5
1. Entstehung des epochalen Bewußtseins.	7
2. Herkunft der gegenwärtigen Lage.	14
3. Situation überhaupt.	19
Erster Teil: Massenordnung in Daseinsfürsorge	25

Massendasein und seine Bedingungen. — Das Bewußtsein im Zeitalter der Technik. — Die Herrschaft des Apparats. — Die Herrschaft der Masse.

Zweiter Teil: Grenzen der Daseinsordnung	39
1. Die moderne Sophistik.	41

Die Sprache der Verschleierung und der Revolte. — Entscheidungslosigkeit. — Der Geist als Mittel.

2. Unmöglichkeit einer beständigen Daseinsordnung.	46
3. Universaler Daseinsapparat und menschliche Daseinswelt.	48

Das Leben des Hauses. — Lebensangst. — Das Problem der Arbeitsfreude. — Sport. — Führertum.

4. Krise	65
Dritter Teil: Der Wille im Ganzen	71
1. Staat.	73

Staatsbewußtsein. — Methoden und Machtbereich politischen Handelns.

2. Unfaßlichkeit des Ganzen.	86
3. Erziehung.	92

Erziehungssinn. — Staat und Erziehung.

Vierter Teil: Verfall und Möglichkeit des Geistes	99
1. Bildung.	100

Bildung und Antike. — Nivellierte Bildung und spezialistisches Können. — Geschichtliche Aneignung. — Presse.

2. Geistiges Schaffen.	111

Kunst. — Wissenschaft. — Philosophie.

Fünfter Teil: Wie heute das Menschsein begriffen wird	130
1. Wissenschaften vom Menschen.	135

Soziologie. — Psychologie. — Anthropologie.

| 2. Existenzphilosophie. | 144 |

1*

Sechster Teil: Was aus dem Menschen werden kann 149
1. Die anonymen Mächte. 149
Verkehrung der Freiheit. — Der Sophist. — Frage nach der Wirklichkeit der Zeit. — Der gegenwärtige Mensch. — Der Kampf ohne Front.

2. Haltung des Selbstseins in der Situation der Zeit. 161
Gegen die Welt oder in die Welt. — Technische Souveränität, ursprüngliches Wissenwollen, unbedingte Bindungen. — Geschichtliche Einsenkung. — Adel des Menschen. — Solidarität. — Adel und Politik. — Falscher Anspruch des Adels. — Das philosophische Leben. — Die Situation des Selbstseins.

3. Betrachtende und erweckende Prognose. 182
Betrachtende Prognose. — Worauf es ankommt. — Erweckende Prognose.

Einleitung.

Seit mehr als einem Jahrhundert ist immer dringender nach der Situation der Zeit gefragt worden; jede Generation hat die Frage für ihren Augenblick beantwortet. War es aber früher ein Nachdenken weniger Menschen, die die Bedrohung unserer geistigen Welt fühlten, so steht seit dem Kriege fast jedermann in diesem Fragen.

Das Thema ist nicht nur unerschöpflich, sondern auch unfixierbar, weil es sich mit seinem Gedachtwerden schon verwandelt. Geschichtlich vergangene Situationen kann man wohl als vollendete betrachten, die ihr Ergebnis gezeitigt haben und nun nicht mehr sind; die eigene hat das Erregende, daß ihr Denken noch bestimmt, was aus ihr wird.

Jeder weiß, daß der Weltzustand, in dem wir leben, nicht endgültig ist.

Es gab Zeiten, in denen der Mensch seine Welt als eine bleibende fühlte, wie sie zwischen einem entschwundenen goldenen Zeitalter und einem von der Gottheit kommenden Weltende sei. Er richtete sich in ihr ein, ohne sie ändern zu wollen. Sein Wirken ging auf die Besserung seiner Lage in den an sich unveränderbaren Zuständen. In diesen wußte er sich geborgen, der Erde verbunden und dem Himmel. Die Welt war die seine, auch wenn sie im ganzen das Nichtige war, weil er das Sein in der Transzendenz sah.

Solchen Zeiten verglichen ist der Mensch von seiner Wurzel gelöst, wenn er sich nur in einer geschichtlich bestimmten Situation des Menschseins weiß. Es ist, als ob er das Sein nicht mehr halten könnte. Wie er früher in dem selbstverständlichen Bewußtsein der Einheit seines wirklichen Daseins und des Wissens von ihm lebte, wird erst uns sichtbar, denen das Leben des Menschen der Vergangenheit als wie in einer ihm verschleierten Wirklichkeit vor sich gegangen zu sein scheint. Wir aber möchten auf den Grund der Wirklichkeit dringen, in der wir sind; daher ist uns, als wenn uns der Boden unter den Füßen versinke: denn nachdem die fraglose Einheit in Trümmer ging, sehen wir nur noch einerseits Dasein, andererseits unser und anderer Bewußtsein von diesem Dasein. Wir denken nicht nur über die Welt nach, sondern auch darüber, wie sie aufgefaßt wird, und wir zweifeln an der Wahrheit jeder Auffassung; hinter jeder scheinbaren Einheit des Daseins und des Bewußtseins von ihm sehen wir wieder den Unterschied von wirklicher Welt und gewußter Welt. Darum stehen wir in einer Bewegung, die als Veränderung des Wissens eine Veränderung des Daseins erzwingt, und als Veränderung des Daseins wieder eine Veränderung des wissenden Bewußtseins. Sie zieht uns in den Wirbel unaufhaltsamen Überwindens und Hervorbringens, Verlierens und Gewinnens, in dem wir leidend mitgerissen werden, um nur an unserem Orte in immer begrenzterem Machtbereich eine Weile tätig zu bleiben. Denn wir leben nicht nur in einer Situation des Menschseins überhaupt, sondern erfahren diese allein in jeweils geschichtlich bestimmter Situation, welche aus anderem herkommt und zu anderem hintreibt.

Darum birgt das Bewußtsein dieser Bewegung, an der wir selbst als Faktor beteiligt sind, eine merkwürdige Doppelheit: Weil die Welt nicht endgültig ist, wie sie ist, geht die Hoffnung des Menschen, statt in der Transzendenz ihre Ruhe zu finden, auf die Welt, die er verändern kann im Glauben an die Möglichkeit einer irdischen Vollendung. Weil aber der einzelne auch in günstigsten Situationen immer nur begrenzte Wirkungen haben kann und sehen muß, daß die faktischen Erfolge seines Tuns viel mehr von den allgemeinen Zuständen als von seinen Zielvorstellungen abhängen, weil er daher vor allem der Enge des eigenen Machtbereichs durch Vergleich mit abstrakt erdachten Möglichkeiten sich bewußt wird, und weil schließlich der Lauf der Welt, indem er von niemandem so gewollt ist, wie er im ganzen erscheint, in seinem Sinn fragwürdig wird, ist heute ein spezifisches Gefühl der Ohnmacht da: der Mensch weiß sich gefesselt an den Gang der Dinge, die er zu lenken für möglich hielt. Die religiöse Haltung als das Nichtigsein vor der Transzendenz war unberührbar durch den Wandel der Dinge; in einer gottgegebenen Welt war sie selbstverständlich, und in keinem Gegensatz zu einer anderen Möglichkeit ausdrücklich fühlbar. Hingegen der Stolz heutigen universellen Begreifens und der Übermut, als Herr der Welt sie nach eigenem Willen als die wahre und beste einrichten zu können, schlagen an allen Grenzen, die sich auftun, um in ein Bewußtsein der Ohnmacht, das erdrückend ist. Wie der Mensch sich darin finde und daraus sich erhebe, ist eine Grundfrage der gegenwärtigen Situation.

Der Mensch ist das Wesen, das nicht nur ist, sondern weiß, daß es ist. Selbstbewußt erforscht er seine Welt und verwandelt sie planend. Er ist hindurchgebrochen durch das Naturgeschehen, das nur die ungewußte Wiederholung des unwandelbar Gleichen bleibt; er ist das Wesen, das nicht schon als Dasein restlos erkennbar ist, sondern frei noch entscheidet, was es ist: der Mensch ist Geist, die Situation des eigentlichen Menschen seine geistige Situation.

Eine Erhellung dieser Situation als der gegenwärtigen wird fragen: wie ist die Situation bisher gesehen worden? wie ist die heutige Situation entstanden? was bedeutet überhaupt Situation? in welchen Aspekten zeigt sie sich? wie wird heute die Frage nach dem Menschsein beantwortet? welcher Zukunft geht der Mensch entgegen? Je klarer die Beantwortung gelingt, desto entschiedener wird man durch Wissen in ein Schweben des Nichtwissens kommen und die Grenzen berühren, an denen der Mensch als ein jeweils Einzelner zu sich erweckt wird.

1. Entstehung des epochalen Bewußtseins.

Zeitkritik ist so alt wie der seiner selbst bewußte Mensch. Die unsrige wurzelt in dem christlichen Gedanken der nach einem Heilsplan geordneten Gesamtgeschichte. Dieser Gedanke ist nicht mehr der unsere, aber unser Zeitverstehen ist aus ihm oder gegen ihn entstanden. In der Vorstellung dieses Heilsplans erschien, als die Zeit erfüllt war, der Erlöser; mit ihm schließt die Geschichte ab, nun ist nur noch ein Warten und Sichvorbereiten auf das Kommen des Gerichts; das Zeitgeschehen wird die Welt, deren Nichtigkeit offenbar ist und deren Ende bevorsteht. Gegenüber den anderen Gedanken: vom Kreislauf der Dinge, vom Entstehen menschlicher Kultur, vom Sinn eines Weltreiches, hat der christliche Gedanke durch seine absolute Universalität, durch den Sinn der Einmaligkeit und Unwiderruflichkeit der in ihm konzipierten Geschichte und durch die Beziehung auf den Heiland für den Menschen als einzelnen eine unvergleichliche Eindringlichkeit. Das Bewußtsein der Zeitepoche als Entscheidung wurde, obgleich das Zeitalter für den Christen die Welt überhaupt war, aufs höchste gesteigert.

Diese Geschichtskonzeption war eine übersinnliche. Ihre Entscheidungen sind entweder als vergangene unerforschbare Handlungen (Adams Sündenfall, mosaische Offenbarung und Erwählung des jüdischen Volkes, Prophetie) oder als zukünftige nur das Weltende. Die Welt in ihrer Immanenz ist weil gleichgültig eigentlich nunmehr auch geschichtslos. Es war die Verwandlung dieser transzendenten Konzeption in ein Sehen der Welt als immanenter Bewegung unter Erhaltung des Bewußtseins der Einmaligkeit des Geschichtsganzen, welche erst ein Bewußtsein weckte, das nun die eigene Zeit im Unterschied von anderen sah und in ihr stehend von dem Pathos beseelt blieb, daß durch sie, ob unmerklich oder durch bewußte Tat, etwas entschieden wird.

Seit dem 16. Jahrhundert riß die Kette nicht mehr, in der in der Folge der Generationen ein Glied dem anderen das Bewußtsein der Epoche weitergab. Dies begann mit der bewußten Säkularisierung menschlichen Daseins. Die Wiedererneuerung der Antike, die neuen Pläne und Verwirklichungen technischer, künstlerischer, wissenschaftlicher Art brachte die Bewegung einer kleinen, aber europäisch wirksamen Minorität. Sie ist als Stimmung charakterisiert durch Huttens Worte: die Geister erwachen, es ist eine Lust zu leben. Durch die Jahrhunderte ging ein Entdecken: der Erde in allen ihren Meeren und Ländern, der astronomischen Welt, der Naturwissenschaft, der Technik, der Rationalisierbarkeit der Staatsverwaltung. Damit einher ging ein Bewußtsein allgemeinen Fortschritts, das im 18. Jahrhundert seinen Gipfel erreichte. Der Weg, der früher zu Weltende und Gericht führte, schien jetzt auf die Vollendung der menschlichen Zivilisation zu gehen. Dieser Zufriedenheit trat Rousseau entgegen. Als er 1749 auf die Preisfrage, welchen Beitrag Künste und Wissenschaften zur Verbesserung der Sitten geleistet haben, antwortete, daß sie sie verdorben haben, begann die Kulturkritik, welche seitdem den Fortschrittsglauben begleitet.

Das Zeitdenken hatte seine Richtung verschoben. Entsprungen als das geistige Leben faktisch weniger, die sich als die Zeit wußten, warf es sich auf den Glanz geordneten Staatslebens und schließlich auf das Menschsein selbst. Jetzt waren die Voraussetzungen geschaffen, durch die der Gedanke Wirklichkeit wurde, daß vermöge der menschlichen Vernunft das Dasein des Menschen nicht, wie es überkommen, hinzunehmen sei, sondern planmäßig so eingerichtet werden könne, wie es eigentlich sein soll. Die französische Revolution war ein Ereignis, das keinen Vorgänger in der menschlichen Geschichte hatte. Als Beginn der Zeit, in der der Mensch aus Vernunftprinzipien sein Schicksal selbst in seine Hand nehmen wird, löste sie im Bewußtsein der hervorragendsten europäischen Menschen einen Jubel der Begeisterung aus.

Bei aller Erneuerung vorhergehender Jahrhunderte hatte man nicht die menschliche Gesellschaft verwandeln wollen. So hatte es für Descartes, der den Sitten und Gesetzen seines Vaterlandes gehorchen wollte, um nur in seinem inneren Geiste die Neuerungen zu wagen, „keinen Sinn, wenn ein einzelner plant, einen Staat zu reformieren, indem er darin alles von den Grundlagen aus ändert und ihn stürzt, um ihn wieder aufzurichten". Noch die englische Revolution im 17. Jahrhundert wurzelt in der Religion und im vaterländischen Machtgefühl. Wohl hatte der Protestantismus das Christentum erneuert durch Rückgang auf seine Ursprünge, aber er hatte es nicht säkularisiert, sondern grade in dem Gegensatz zu den Verweltlichungen der Kirche strenger und unbedingt genommen.

Aus ihm wurde der heroische Kampf der Heiligen möglich, welche im Dienste Gottes unter Cromwell das auserwählte Volk der Engländer zu dem Dasein führen wollten, das als Verherrlichung Gottes in der Welt diesem wohlgefällig ist. Erst die französische Revolution geschah in dem Bewußtsein, durch die Vernunft das menschliche Dasein aus der Wurzel umzuschaffen, nachdem seine als schlecht erkannte historisch überkommene Gestalt zerstört wäre. Sie hatte Vorgänger nur in den amerikanischen Gründungen jener Protestanten, die aus der Unbedingtheit ihres Glaubens das Vaterland verlassen hatten, um auf neuem Boden zu verwirklichen, was in der Heimat scheiterte; diese hatten in beginnender Säkularisierung den Gedanken der allgemeinen Menschenrechte erfaßt.

Die französische Revolution nahm den unerwarteten Verlauf, daß sie sich in das Gegenteil ihres Ursprungs verkehrte. Der Wille zur Herstellung menschlicher Freiheit wurde zum Terror, der alle Freiheit zerstörte. Die Reaktion gegen sie wuchs. Die Möglichkeit ihrer Wiederkehr zu vernichten, wurde Prinzip der europäischen Staaten. Aber seitdem sie geschehen war, blieb den Menschen eine Unruhe um das Ganze ihres Daseins, das sie selbst die Verantwortung tragen, da es nach Plan zu verändern und auf das Beste einzurichten sein könnte. Kants Voraussage (1798) bestätigte sich bis heute: „Ein solches Phänomen in der Menschengeschichte vergißt sich nicht mehr, weil es eine Anlage und ein Vermögen in der menschlichen Natur zum Besseren aufgedeckt hat, dergleichen kein Politiker aus dem bisherigen Laufe der Dinge herausgeklügelt hätte".

Seit der französischen Revolution lebt in der Tat ein spezifisch neues Bewußtsein der epochalen Bedeutung der Zeit. Es hat sich im 19. Jahrhundert gespalten: dem Glauben an den Anbruch einer großartigen Zukunft steht das Grauen vor dem Abgrund, aus dem keine Rettung mehr ist, entgegen; oder es beschwichtigt sich im Gedanken der Zeit als eines Übergangs, der seitdem bei jeder Schwierigkeit matten Geistern als beruhigend und genügend scheint.

Das vorige Jahrhundert schuf zunächst in der Philosophie Hegels ein geschichtliches Zeitbewußtsein, in dem ein noch nie so gedachter Reichtum historischen Gehalts in der unerhört anschmiegsamen und ausdruckskräftigen Methode der Dialektik, zum Sprechen gebracht und mit dem Pathos einer einzigartigen Bedeutung der Gegenwart vereinigt wurde. Die Dialektik zeigte die Verwandlung menschlichen Bewußtseins durch sich selbst: jedes Dasein von Bewußtsein wird in Bewegung gebracht durch das Wissen von sich; jedes Meinen und Wissen verändert den, der so weiß; verwandelt muß er ein neues Wissen von sich in seiner Welt suchen; so gerät er ohne Ruhe, weil Sein und Bewußtsein getrennt sind und ihre Trennung in immer anderer Gestalt erneuern, von einem ins andere; das ist der geschichtliche Prozeß des Menschen. Wie dieser Prozeß vor sich geht, wurde von Hegel in einer bis heute nicht wieder erreichten Mannigfaltigkeit und Tiefe gezeigt. Die Unruhe des menschlichen Selbstbewußtseins wurde sich in diesem Denken klar, wenn sie sich hier auch noch metaphysisch barg in der einen Totalität des Geistes, dessen Gegenwart alles zeitlich Besondere angehört; denn in ihr ist der zeitliche Taumel des menschlich geschichtlichen Wissens stets vollendete Ruhe der Ewigkeit.

Die Dialektik vom jeweiligen Sein und Bewußtsein, welche nicht allein intellektuell sondern nur in gehaltvoller Erfüllung eigentlich zu begreifen ist von dem in uns, was durch Anspruch an sich selbst die Möglichkeit einer großen Seele ist, wurde denaturiert durch die Verfestigung des Seins zu einem eindeutig bestimmten Sein der menschlichen Geschichte, nämlich dem materiellen Sein der Produktionsmittel, im Marxismus. Die Dialektik sank zur bloßen Methode herab, entleert sowohl von dem Gehalt geschichtlichen Menschseins wie von der Metaphysik. Dafür machte sie Fragen möglich, welche zu partikularer fruchtbarer Erforschung einzelner historisch-soziologischer Zusammenhänge Anlaß gaben. Aber sie ermöglichte zugleich die mit der Weihe von Wissenschaft unwahrhaftig umgebenen Schlagworte, die die Gestalt sind, in der das tiefe geschichtliche Zeitbewußtsein ursprünglichen Denkens verfälschte Scheidemünze für jedermann wurde. Endlich fiel auch die Dialektik fort. Es traten gegen den Marxismus die ökonomisch-materialistischen Vereinfachungen und die Naturalisierungen des Menschseins zu Rassenartung in ihrer blinden Direktheit zum Kampfe an. In ihnen ist ein echtes geschichtliches Zeitbewußtsein verloren gegangen.

In der Dialektik Hegels war ein Bild der gesamten Weltgeschichte die Weise, in der die Gegenwart ihrer selbst inne wurde; es blieb als andere Möglichkeit, die konkrete Geschichte in ihrem fernen Reichtum liegen zu lassen und das Augenmerk ganz auf die Gegenwart zu lenken. Schon Fichte übte eine solche Zeitkritik in seinen „Grundzügen des gegenwärtigen Zeitalters", zwar mit den methodischen Mitteln der abstrakten Konstruktion einer Weltgeschichte von Anfang bis zur Endvollendung (als Säkularisierung christlicher Geschichtsphilosophie), aber mit dem Blick auf deren tiefsten Punkt: die Gegenwart als das Zeitalter der vollendeten Sündhaftigkeit. Die erste umfassende, in ihrem Ernst von allen vorhergehenden unterschiedene Kritik seiner Zeit brachte Kierkegaard. Seine Kritik hören wir zum erstenmal wie eine Kritik auch unserer Zeit; es ist, als ob sie gestern geschrieben wäre. Er stellt den Menschen vor das Nichts. Nietzsche folgte einige Dezennien später, ohne Kierkegaard zu kennen. Er sah die Heraufkunft des europäischen Nihilismus, in welchem er seiner Zeit die unerbittliche Diagnose stellte. Beide Philosophen waren ihren Zeitgenossen Kuriositäten, die wohl Sensation schufen, aber noch nicht ernst genommen wurden. Sie griffen voraus, indem sie sahen, was schon war, ohne daß es damals beunruhigte; daher sind sie erst heute ganz gegenwärtige Denker geworden.

Durch das 19. Jahrhundert ging ein — mit Kierkegaard und Nietzsche verglichen — dunkleres Zeitbewußtsein. Während das Publikum mit Bildung und Fortschritt zufrieden war, waren eigenständige Geister voll böser Ahnens. Goethe konnte sagen: „Klüger und einsichtiger wird die Menschheit werden, aber besser, glücklicher und tatkräftiger nicht. Ich sehe die Zeit kommen, wo Gott keine Freude mehr an ihr hat und er abermals alles zusammenschlagen muß zu einer verjüngten Schöpfung." Niebuhr schrieb 1830 erschreckt durch die Julirevolution: „Jetzt blicken wir vor uns in eine, wenn Gott nicht wunderbar hilft, bevorstehende Zerstörung, wie die römische Welt sie um die Mitte des dritten Jahrhunderts unserer Zeitrechnung erfuhr: auf Vernichtung des Wohlstandes, der Freiheit, der Bildung, der Wissenschaft". Obgleich schon Talleyrand gesagt hatte, die eigentliche Süßigkeit des Lebens kenne nur, wer vor 1789 gelebt habe, erscheinen jetzt im Rückblick die Jahrzehnte bis 1830 als die halkyonischen Tage wie eine verklärte Zeit. So geht es fort, daß jedes neue Menschenalter den Niedergang spürt und rückblickend noch glänzend sieht, was sich selbst schon als Verlorengehen fühlte. Die heraufkommende Demokratie wurde von Tocqueville (1835) nicht nur als unausweichlich erkannt, sondern in ihrem besonderen Wesen untersucht; ihm galt die Frage, nicht wie sie zu verhindern sei, sondern wie man sie lenken könne zu einem Minimum von Zerstörung. Man sah die mit ihr herankommende Barbarei. Burckhardt war prophetisch von leidenschaftlichem Grauen vor ihr erfaßt. Früher (1829) machte Stendhal mit kühler Objektivität seine Feststellungen: „Nach meinem Dafürhalten wird die Freiheit binnen hundert Jahren das Kunstgefühl ertöten. Dieses Gefühl ist unmoralisch, denn es verführt zu den Wonnen der Liebe, zu Trägheit und Übertreibung. Man setze einen Menschen mit Kunstgefühl an die Spitze eines Kanalbaus; statt seinen Kanal kalt und vernünftig zu vollenden, wird er sich in ihn vernarren und Dummheiten machen." „Das Zweikammersystem wird die Welt erobern und den schönen Künsten den Todesstoß versetzen. Anstatt eine schöne Kirche bauen zu lassen, werden die

Herrscher daran denken, ihr Kapital in Amerika anzulegen, um im Fall ihres Sturzes reiche Privatleute zu sein. Sobald die zwei Kammern herrschen, sehe ich zwei Dinge voraus: sie werden niemals zwanzig Millionen fünfzig Jahre hintereinander ausgeben, um einen Bau wie Sankt Peter zu schaffen; sie werden in die Salons eine Menge ehrbarer, sehr reicher Leute bringen, die aber durch ihre Erziehung jenen feinen Takt vermissen lassen, ohne den man die Künste nicht bewundern kann." Den Künstlern, die in der Welt etwas erreichen wollen, ist zu raten: „Werdet Zuckersieder oder Porzellanfabrikanten, dann bringt ihr es eher zum Millionär und Deputierten." Ranke sieht den Niedergang in einer Tagebuchnotiz um 1840: „Früher waren große Überzeugungen allgemein; auf deren Grund strebte man weiter. Jetzt ist alles sozusagen Pronunciamento, und damit gut. Nichts bringt mehr durch, alles verhallt. Wer es weit bringt, der spricht die Stimmung einer Partei aus und findet Anklang bei ihr." Cavour, der Politiker, sieht die Demokratie so unausweichlich wie Tocqueville, der Forscher. Cavour schreibt in einem Briefe 1835: „Wir können uns nichts mehr vormachen, die Gesellschaft marschiert mit großen Schritten auf die Demokratie zu ... Der Adel geht schnell zugrunde ... das Patriziat hat in der heutigen Organisation keinen Platz mehr. Was bleibt also noch als Kampfwehr gegen die heraufflutenden Volksmassen? Nichts Festes, nichts Wirksames, nichts Dauerhaftes. Gut, schlimm? Ich weiß es nicht. Aber es ist meiner Ansicht nach die unvermeidliche Zukunft der Menschen. Bereiten wir uns darauf vor, oder bereiten wir zumindest unsere Nachkommen vor." (Zit. nach M. Paléologue, Cavour.) Er sieht, daß die moderne Gesellschaft „eine schicksalhafte Entwicklung zur Demokratie" vollführt, und „den Verlauf der Ereignisse hemmen zu wollen, heiße Stürme entfesseln, ohne die Möglichkeit, das Schiff in den Hafen zu steuern".

Ob die Zeit unter dem Gesichtspunkt der Politik oder der Wohlfahrt der Menschen oder des Lebens der Künste oder der Weise des Menschseins, die noch möglich bleibt, angesehen wird, die Stimmung der Gefahr geht durch das letzte Jahrhundert: der Mensch fühlt sich bedroht. Wie der Christ gegenüber der Verlorenheit der Welt als Welt sich an die Heilsbotschaft hielt und über alle Welt hinaus das fand, worauf allein es ihm ankommt, so hielt sich jetzt dem verlorenen Zeitalter gegenüber wohl mancher an eine kontemplative Vergewisserung des Wesentlichen. Hegel, vor den Verfall der Zeit gestellt, erkennt an, daß die Wirklichkeit selbst und nicht nur die Philosophie versöhnt werden müsse. Denn die Philosophie als Versöhnung des Menschen ist nur eine partiale ohne äußere Allgemeinheit: „Sie ist in dieser Beziehung ein abgesondertes Heiligtum und ihre Diener bilden einen isolierten Priesterstand, der mit der Welt nicht zusammen gehen darf und das Besitztum der Wahrheit zu hüten hat. Wie sich die zeitliche, empirische Gegenwart aus ihrem Zwiespalt herausfinde, ist ihr zu überlassen und ist nicht die unmittelbar praktische Sache und Angelegenheit der Philosophie." Schiller schreibt: „Wir wollen dem Leibe nach Bürger unserer Zeit sein und bleiben, weil es nicht anders sein kann, sonst aber dem Geiste nach ist es das Vorrecht und die Pflicht des Philosophen und Dichters, zu keinem Volke und zu keiner Zeit zu gehören, sondern im eigentlichen Sinne des Wortes ein Zeitgenosse aller Zeiten zu sein." Oder man sucht zurückzuführen zum Christentum, wie Grundtvig: „Unser Zeitalter steht an einem Wendepunkt, vielleicht an dem größten, welchen die Geschichte kennt; das Alte ist verschwunden und das Neue schwankt unerlöst; niemand löst das Rätsel der Zukunft, wo sollten wir Ruhe für die Seele finden, wenn nicht in dem Wort, das bestehen wird, wenn Himmel und Erde sich vermischen und Welten zusammengerollt werden wie ein Teppich?" Gegen alle diese aber steht Kierkegaard; er will Christentum in seiner ursprünglichen Echtheit, wie es jetzt in solcher Zeit allein sein könne: als Märtyrertum des einzelnen, der heute von der Masse vernichtet wird, und sich weder verfälscht durch Wohlergehen als Pfarrer noch als Professor, weder in einer objektiven Theologie noch in einer objektiven Philosophie, weder als Agitator noch als Unternehmer der richtigen Welteinrichtung; er kann der Zeit nicht zeigen, was sie tun soll, aber ihr fühlbar machen, daß sie in der Unwahrheit ist.

Diese Auswahl aus Dokumenten des Zeitbewußtseins meist aus der ersten Hälfte des 19. Jahrhunderts ließe sich endlos vermehren. Man würde fast alle Motive der Gegenwartskritik erkennen als schon ein Jahrhundert alt. Vor dem Krieg und während seines Verlaufs entstanden die am meisten beachteten Spiegel unserer Welt: Rathenaus „Zur Kritik der Zeit" (1912), und Spenglers „Untergang des Abendlandes" (1918). Rathenau liefert eine eindringende Analyse der Mechanisierung unseres Lebens, Spengler eine an Material und Beobachtungen reiche naturalistische Geschichtsphilosophie, welche den Untergang nach einem kulturmorphologischen Gesetz als an der Zeit und notwendig behauptet. Das Neue dieser Versuche ist die stoffliche Gegenwartsnähe, die Ausgestaltung solcher Gedanken mit quantitativ gewachsenem Material, weil die Welt sich dem, was früher in Ansätzen gesehen wurde, angenähert hat, die Ausbreitung der Gedanken in weiteste Kreise, und das immer deutlichere: vor dem Nichts stehen. Kierkegaard und Nietzsche sind die führenden Denker. Jedoch hat Kierkegaards Christentum einen Nachfolger nicht gefunden; Nietzsches Zarathustraglauben wird nicht angeeignet. Wie aber beide das Nichts offenbaren, darauf hört man nach dem Kriege wie nie vorher.

Es ist wohl ein Bewußtsein verbreitet: alles versagt; es gibt nichts, das nicht fragwürdig wäre; nichts Eigentliches bewährt sich; es ist ein endloser Wirbel, der in gegenseitigem Betrügen und Sichselbstbetrügen durch Ideologien seinen Bestand hat. Das Bewußtsein des Zeitalters löst sich von jedem Sein und beschäftigt sich mit sich selbst. Wer so denkt, fühlt sich zugleich selbst als nichts. Sein Bewußtsein des Endes ist zugleich Nichtigkeitsbewußtsein seines eigenen Wesens. Das losgelöste Zeitbewußtsein hat sich überschlagen.

2. Herkunft der gegenwärtigen Lage.

Die Frage nach der gegenwärtigen Situation des Menschen als Resultat seines Werdens und Chance seiner Zukunft ist heute eindringlicher als jemals gestellt. Antworten sehen die Möglichkeiten des Untergangs und die Möglichkeiten eines nun erst eigentlichen Beginnens; aber entschiedene Antwort bleibt aus.

Was den Menschen zum Menschen machte, liegt vor der überlieferten Geschichte. Werkzeuge zu dauerndem Besitz, Bereitung und Verwendung des Feuers, Sprache, Überwindung der geschlechtlichen Eifersucht zur Männerkameradschaft in der Begründung beständiger Gesellschaft hoben den Menschen aus der Tierwelt.

Gegenüber den Hunderttausenden von Jahren, in denen uns unzugänglich diese entscheidenden Schritte zum Menschsein getan sein mochten, nimmt die uns anschauliche Geschichte von etwa 6000 Jahren einen winzigen Zeitraum ein. In ihm zeigt sich der Mensch, verbreitet über die Erdoberfläche, in mannigfachen Gestalten, die unter sich geringe oder keine Beziehungen haben und sich nicht kennen. Aus ihnen scheint der abendländische Mensch, der den Erdball eroberte, die Menschen zur gegenseitigen Kenntnis und zum Bewußtsein ihrer Zusammengehörigkeit in der Menschheit brachte, durch die Konsequenz in der Durchführung folgender Prinzipien herausgewachsen zu sein:

a) Eine nirgends Halt machende Rationalität, begründet in der griechischen Wissenschaft, zwang das Dasein in Berechenbarkeit und technische Beherrschung. Allgemeingültige wissenschaftliche Forschung, Voraussehbarkeit rechtlicher Entscheidungen im formalen von Rom geschaffenen Recht, Kalkulation in wirtschaftlichen Unternehmungen bis zur Rationalisierung allen Tuns, auch dessen, was im Rationalisiertwerden aufgehoben wird, dies alles ist die Folge einer Haltung, die sich grenzenlos offen hält für den Zwang des logischen Gedankens und der empirischen Tatsächlichkeit, wie sie jedermann und jederzeit einsichtig sein müssen.

b) Die Subjektivität des Selbstseins stellte sich auf sich in den jüdischen Propheten, den griechischen Philosophen, den römischen Staatsmännern. Was wir Persönlichkeit nennen, ist solcher Gestalt in dieser abendländischen Entwicklung des Menschen erwachsen und von Anfang an mit der Rationalität als ihrem Korrelat verknüpft.

c) Gegen orientalische Weltlosigkeit und die in ihr ergriffene Möglichkeit des Nichts als des eigentlichen Seins ist die Welt als faktische Wirklichkeit in der Zeit für den abendländischen Menschen nicht zu überspringen. Nur durch sie, nicht außer ihr vergewissert er sich. Selbstsein und Rationalität werden ihm Ursprünge, aus denen er die Wirklichkeit täuschungslos erkennt und zu bemeistern versucht.

Die letzten Jahrhunderte erst haben diese drei Prinzipien entfaltet, das 19. Jahrhundert brachte ihre volle äußere Auswirkung. Der Erdball ist überall zugänglich; der Raum ist vergeben. Zum erstenmal ist der Planet der eine umfassende Wohnplatz des Menschen. Alles steht mit allem in Beziehung. Die technische Beherrschung von Raum, Zeit und Materie wächst unabsehbar, nicht mehr durch zufällige einzelne Entdeckungen, sondern durch planmäßige Arbeit, in der das Entdecken selbst methodisch und erzwingbar wird.

Nach Jahrtausenden getrennter menschlicher Kulturentwicklungen sind die letzten viereinhalb Jahrhunderte der Prozeß europäischer Welteroberung, das letzte Jahrhundert seine Vollendung. Dieses, in dem die Bewegung sich beschleunigt vollzog, sah eine Fülle von Persönlichkeiten, welche ganz auf sich standen, sah Führer- und Herrscherstolz, Entdeckerjubel, berechnenden Wagemut, die Erfahrung äußerster Grenzen, und es sah die Innerlichkeit, welche angesichts solcher Welt sich erhält. Heute erkennen wir dieses ganze Jahrhundert als ein für uns vergangenes. Es ist ein Umschlag erfolgt, dessen Inhalt wir allerdings noch nicht als positiven Gehalt, sondern als unermeßlich sich auftürmende Schwierigkeiten sehen: die äußere Eroberungsbewegung ist an ihre Grenze gestoßen; die sich ausbreitende Bewegung trifft gleichsam im Rückstoß auf sich selbst.

Die Prinzipien des abendländischen Menschen schließen die Stabilität des bloß in sich kreisenden Wiederholens aus. Jedes Erkannte treibt rational sogleich neue Möglichkeiten hervor. Wirklichkeit besteht nicht als so seiende, sondern muß ergriffen werden durch ein Erkennen, das zugleich Eingreifen und Handeln ist. Die Rapidität der Bewegungen ist von Jahrzehnt zu Jahrzehnt gewachsen. Nichts ist mehr fest, alles befragt und in die mögliche Verwandlung gezogen, aber nun in einer inneren Reibung, die das 19. Jahrhundert so nicht kannte.

Das Gefühl eines Bruches gegenüber aller bisherigen Geschichte ist allgemein. Aber das Neue ist nicht schon die Revolution der Gesellschaft als Zertrümmerung, Besitzverschiebung, Entaristokratisierung. Vor mehr als viertausend Jahren im alten Ägypten geschah schon, was nach einem Papyrus[1]) so beschrieben wird:

„Die Listen sind fortgenommen, die Sackschreiber sind ausgetilgt, und jeder kann sich Korn nehmen, wie er will... Untertanen gibt es nicht mehr ... nun dreht sich das Land, wie eine Töpferscheibe tut: die hohen Räte hungern, und die Bürger müssen an der Mühle sitzen, die Damen gehen in Lumpen, sie hungern und wagen nicht zu sprechen... Die Sklavinnen können das große Wort führen, Raub und Mord herrschen im Lande... Man wagt nicht mehr zu ackern, man baut nicht mehr... Das Land ist wüst wie ein abgeerntetes Flachsfeld; es gibt kein Getreide mehr, vor Hunger raubt man den Schweinen das Futter. Niemand achtet mehr auf Reinlichkeit, man lacht nicht mehr, und die Kinder sind des Lebens überdrüssig. Die Menschen werden weniger, die Geburten nehmen ab, und schließlich bleibt nur der Wunsch, daß doch alles zu Ende gehen möge. ...Kein Amt ist mehr am Platze, und das Land wird von wenigen sinnlosen Leuten des Königtums beraubt. Und nun beginnt das Reich des Pöbels, er ist oben und freut sich dessen in seiner Weise. Er trägt das feinste Leinen und salbt seine Glatze mit Myrrhen... Auch seinem Gotte, um den er sich sonst nicht kümmerte, spendet er jetzt Weihrauch, allerdings den Weihrauch eines anderen. Während so, die nichts hatten, reich geworden sind, liegen die einstmaligen Reichen schutzlos im Winde ohne Bett... Selbst die Räte des alten Staats machen in ihrer Not den neuen Emporkömmlingen den Hof."

Auch das Bewußtsein der gelockerten, schlimmen Zustände, in denen nichts Verläßliches mehr ist, für die Thukydides Schilderung des menschlichen Verhaltens im peloponnesischen Krieg als ein altes Beispiel bekannt ist, kann nicht das Neue sein.

Das Neue zu treffen müßte der Gedanke tiefer dringen als es ihm im Blick auf die allgemein menschlichen Möglichkeiten von Umsturz, Unordnung, Lockerung der Sitten gelingt. Als ein Spezifisches der neueren Jahrhunderte ist seit Schiller die Entgötterung der Welt bewußt. Im Abendland ist dieser Prozeß in einer Radikalität

---

[1]) Zit. nach Delbrück in den Preuß. Jahrb. Die wörtliche Übersetzung in Erman, Die Literatur der Ägypter 1923, S. 130—148.

wie nirgends sonst vollzogen. Wohl gab es die glaubenslosen Skeptiker des alten Indien und der Antike, denen nichts als nur das sinnlich Gegenwärtige galt, nachdem sie, es selbst für nichtig haltend, skrupellos griffen. Aber sie taten es noch in einer Welt, die faktisch auch ihnen als Ganzes beseelt blieb. Im Abendland, im Gefolge des Christentums, wurde eine andere Skepsis möglich: Die Konzeption des überweltlichen Schöpfergottes verwandelte die gesamte Welt als Schöpfung zur Kreatur. Aus der Natur schwanden die heidnischen Dämonen, aus der Welt die Götter. Das Geschaffene wurde Gegenstand menschlicher Erkenntnis, welche zuerst noch gleichsam Gottes Gedanken nachdachte. Das protestantische Christentum machte vollen Ernst; die Naturwissenschaften mit ihrer Rationalisierung, Mathematisierung und Mechanisierung der Welt hatten zu diesem Christentum eine Affinität. Die großen Naturforscher des 17. und 18. Jahrhunderts waren fromme Christen. Wenn dann aber am Ende der Zweifel den Schöpfergott strich, so blieb als Sein die in den Naturwissenschaften erkennbare Weltmaschinerie, welche ohne vorherige Erniedrigung zur Kreatur nie in solcher Schroffheit erfaßt wäre.

Diese Entgötterung ist nicht der Unglaube einzelner, sondern die mögliche Konsequenz einer geistigen Entwicklung, welche hier in der Tat ins Nichts führt. Eine nie gewesene Öde des Daseins wird fühlbar, gegen die der schärfste antike Unglaube geborgen war in der Gestaltenfülle einer nicht verlassenen mythischen Wirklichkeit, wie sie noch das Lehrgedicht des Epikureers Lukrez durchstrahlt. Diese Entwicklung ist zwar für das Bewußtsein nicht unausweichlich notwendig, denn sie setzt ein Mißverstehen des Sinns der exakten Naturerkenntnis und die Verabsolutierung im Übertragen ihrer Kategorien auf alles Sein voraus. Aber sie ist möglich und ist wirklich geworden, gefördert durch den unermeßlichen technischen und praktischen Erfolg dieser Erkenntnis. Was kein Gott in den Jahrtausenden für den Menschen getan, macht dieser durch sich selbst. Leicht kann er in diesem Tun das Sein erblicken wollen, bis er erschreckt vor seiner selbst geschaffenen Leere steht.

Man hat die Gegenwart mit der Zeit des untergehenden Altertums verglichen, mit der Zeit der hellenistischen Staaten, in denen das Griechentum versank, oder mit dem dritten nachchristlichen Jahrhundert, in dem die antike Kultur überhaupt zusammenbrach. Jedoch bestehen wesentliche Unterschiede. Damals handelte es sich um eine Welt, die einen kleinen Raum der Erdoberfläche einnahm und die Zukunft des Menschen auch noch außer sich hatte. Heute, wo der Erdball ganz ergriffen ist, muß, was an Menschsein bleibt, in die Zivilisation eintreten, die das Abendland geschaffen hat. Damals ging die Bevölkerung zurück, heute ist sie in nie dagewesener Vervielfachung angewachsen. Damals war in der Zukunft auch die Bedrohung von außen, heute ist äußere Bedrohung für das Ganze partikular und der Untergang kann nur von innen her erfolgen, wenn er das Ganze treffen sollte. Der handgreiflichste Unterschied gegenüber dem dritten Jahrhundert aber ist, daß damals die Technik stagnierte und zu verfallen begann, während sie heute in unerhörtem Tempo ihre unaufhaltsamen Fortschritte macht. Chance wie Gefahr sind hier unabsehbar.

Das äußerlich sichtbare Neue, das allem menschlichen Dasein von jetzt an seine Grundlagen und damit neue Bedingungen stellen muß, ist diese Entfaltung der technischen Welt. Zum erstenmal hat eine wirkliche Naturbeherrschung begonnen. Wollte man sich unsere Welt verschüttet denken, so würden spätere Grabungen zwar keine Schönheiten zutage fördern wie die der Antike, deren Straßenpflaster noch uns entzückt. Aber es würde gegenüber allen früheren Zeiten schon aus den letzten Jahrzehnten so viel Eisen und Beton zu finden sein, daß man noch spät es sehen könnte: der Mensch hatte jetzt den Planeten in ein Netz seiner Apparatur eingesponnen. Dieser Schritt ist gegenüber allen früheren Zeiten so groß wie der erste Schritt zur Werkzeugbildung überhaupt: die Perspektive einer Verwandlung des Planeten in eine einzige Fabrik zur Ausnutzung seiner Stoffe und Energien wird sichtbar. Der Mensch hat das zweitemal die Natur durchbrochen und sie verlassen, um in ihr ein Werk hinzustellen, das sie als Natur nicht nur niemals geschaffen hätte, sondern das nun mit ihr wetteifert an Wirkungsmacht. Nicht schon in der Sichtbarkeit seiner Stoffe und Apparate ist dies Werk vor Augen, sondern erst in der Wirklichkeit ihrer Funktion; der Ausgräber könnte an den Resten von Funktürmen nicht mehr die durch sie hergestellte Allgegenwart der Ereignisse und Nachrichten auf der Erdoberfläche ermitteln.

Was das Neue sei, durch das unsere Jahrhunderte und durch dessen Vollendung unsere Gegenwart gegen das Vergangene sich absetzen, ist auch mit der Weise der Entgötterung der Welt und dem Prinzip der Technisierung keineswegs begriffen. Noch ohne klares Wissen wird immer entschiedener bewußt, in einem Augenblick der Weltwende zu stehen, die nicht an einer der partikularen geschichtlichen Epochen der vergangenen Jahrtausende gemessen werden kann. Wir leben in einer geistig unvergleichlich großartigen, weil an Möglichkeiten und Gefahren reichen Situation, doch müßte sie, würde ihr niemand genug tun können, zur armseligsten Zeit des versagenden Menschen werden.

Im Blick auf die vergangenen Jahrtausende scheint der Mensch vielleicht am Ende. Oder er ist als gegenwärtiges Bewußtsein am Anfang wie nur im Beginn seines Werdens, aber mit erworbenen Mitteln und der Möglichkeit einer realen Erinnerung auf einem neuen, schlechthin anderen Niveau.

3. Situation überhaupt.

Wurde bisher von Situation gesprochen, so in einer abstrakten Unbestimmtheit. Letztlich ist nur der einzelne in einer Situation. Von da übertragend denken wir die Situation von Gruppen, Staaten, der Menschheit, von Institutionen wie Kirche, Universität, Theater, von objektiven Gebilden wie Wissenschaft, Philosophie, Dichtung. Wie wir den Willen einzelner diese als ihre Sache ergreifen sehen, ist dieser Wille mit seiner Sache in einer Situation.

Situationen sind entweder ungewußt und werden wirksam, ohne daß der Betroffene weiß, wie es zugeht. Oder sie werden als gegenwärtige von einem seiner selbst bewußten Willen gesehen, der sie übernehmen, sie nutzen und wandeln kann. Die Situation als bewußt gemachte ruft auf zu einem Verhalten. Durch sie geschieht nicht automatisch ein Unausweichliches, sondern sie bedeutet Möglichkeiten und Grenzen der Möglichkeiten: was in ihr wird, hängt auch von dem ab, der in ihr steht, und davon, wie er sie erkennt. Das Erfassen der Situation ist von solcher Art, daß es sie schon ändert, sofern es Appell an Handeln und Sichverhalten möglich macht. Eine Situation zu erblicken, ist der Beginn, ihrer Herr zu werden; sie ins Auge zu fassen, schon der Wille, der um ein Sein ringt. Wenn ich die geistige Situation der Zeit suche, so will ich ein Mensch sein; so lange ich diesem Menschsein noch gegenüberstehe, denke ich über seine Zukunft und Verwirklichung nach; sobald ich aber selbst es bin, suche ich es denkend zu verwirklichen durch Erhellung der faktisch ergriffenen Situation in meinem Dasein.

Es fragt sich jeweils, welche Situation ich meine:

Das Sein des Menschen steht erstens als Dasein in ökonomischen, soziologischen, politischen Situationen, von deren Realität alles andere abhängt, wenn es auch durch sie allein nicht schon wirklich wird.

Das Dasein des Menschen als Bewußtsein steht zweitens in dem Raum dessen, was wißbar ist. Das geschichtlich erworbene, nun vorhandene Wissen, in seinem Inhalt und in der Weise, wie gewußt und wie das Wissen methodisch geschieden und erweitert wird, ist Situation als die mögliche Klarheit des Menschen.

Was er selbst wird, ist drittens situationsbedingt durch die Menschen, die ihm begegnen, und durch die Glaubensmöglichkeiten, welche an ihn appellieren.

Wenn ich die geistige Situation suche, muß ich also beachten faktisches Dasein, mögliche Klarheit des Wissens, appellierendes Selbstsein in seinem Glauben, in denen allen der jeweils einzelne sich findet.

a) Im soziologischen Dasein nimmt der Einzelne unvermeidlich seinen Ort ein und ist darum mit seinem Wesen nicht überall gleicherweise gegenwärtig. Selbst das äußere Wissen darum, wie es den Menschen in allen soziologischen Situationen geht, ist heute niemandem zugänglich. Was einem Typus tägliche Selbstverständlichkeit seines Daseins ist, ist vielleicht den meisten übrigen Menschen unbekannt.

Zwar ist heute noch für den einzelnen eine größere Beweglichkeit wie jemals möglich, der Proletarier konnte im abgelaufenen Jahrhundert Wirtschaftsführer, heute kann er Minister werden. Aber diese Beweglichkeit, faktisch nur eine Möglichkeit für wenige, hat die Tendenz, weiter abzunehmen zugunsten der Zwangsläufigkeiten des soziologischen Lebensschicksals.

Wohl hat man heute einige Kenntnis der großen Typen des Daseins, des Arbeiters, Angestellten, Bauern, Handwerkers, Unternehmers, Beamten. Aber die Gemeinschaft einer menschlichen Situation für alle ist grade dadurch fragwürdig. Bei aller Auflockerung der alten Gebundenheiten ist statt eines gemeinsamen Schicksals des Menschen die Situation der neuen Gebundenheit jedes einzelnen an die Orte der soziologischen Maschinerie fühlbar geworden. Die Bedingtheiten der Herkunft sind trotz aller Beweglichkeit heute so wenig wie irgendwann in ihren Folgen rückgängig zu machen. Was heute gemeinsam ist, ist nicht das Menschsein als ein alles durchdringender Geist, sondern die Allerweltsgedanken und Schlagworte, die Verkehrsmittel und Vergnügungen. Sie sind das Wasser, in dem man schwimmt, nicht Substanz, an der teilzuhaben Sein bedeutet. Die gemeinsame soziologische Situation ist grade nicht die entscheidende, sie ist eher das, was ins Nichtige auflöst. Das Entscheidende ist die Möglichkeit des heute noch nicht objektiv werdenden Selbstseins in seiner besonderen Welt, die die allgemeine für alle in sich schließt, statt von ihr übergriffen zu sein. Dieses Selbstsein ist nicht als der heutige Mensch überhaupt, sondern in der unbestimmbaren Aufgabe seiner durch das Ergreifen des Schicksals zu erfahrenden geschichtlichen Gebundenheit.

b) Im Wissen ist die heutige Situation eine wachsende Zugänglichkeit von Form und Methode und vieler Inhalte der Wissenschaften für eine immer größere Zahl von Menschen. Aber die Grenzen sind für den einzelnen nicht nur der objektiven Möglichkeit nach noch sehr verschieden weit, sondern vor allem ist der subjektive Wille der meisten weder bereit noch fähig zu ursprünglichem Wissenwollen. Im Wissen wäre im Prinzip eine gemeinsame Situation aller möglich als die universalste Kommunikation, welche am ehesten die geistige Situation des Menschen einer Zeit einheitlich bestimmen könnte. Wegen der Diskrepanz der Menschenartung in der Weise des Wissenwollens ist sie aber ausgeschlossen.

c) Wie das Selbstsein mit anderem Selbstsein zu sich kommt, dafür gibt es keine zu verallgemeinernde Situation, sondern die absolute Geschichtlichkeit der sich Begegnenden, die Tiefe ihrer Berührung, die Treue und Unvertretbarkeit persönlicher Bindung. In der Auflockerung der gehaltvollen objektiven Festigkeiten des gemeinschaftlichen Daseins ist der Mensch zurückgeworfen auf diese ursprünglichste Weise seines Seins mit dem anderen, auf der allein eine neu zu schaffende gehaltvolle Objektivität sich aufbauen könnte.

Es ist also unbestreitbar, daß es eine einzige Situation für alle Menschen einer Zeit nicht gibt. Würde ich etwa das Menschsein als die eine einzige Substanz denken, die durch die Jahrhunderte jeweils in spezifischen Situationen lebte, so würde sich der Gedanke im Imaginären verlieren. Würde es für eine Gottheit einen solchen Prozeß der Menschheit geben, ich stünde bei weitestem Wissen doch selbst in dem Prozeß, nicht aber wissend außer ihm. Trotzdem, d. h. über die drei Weisen der besonderen Situationen in ihren unübersehbaren Verflechtungen hinaus, ist es uns geläufig, von der geistigen Situation der Zeit zu sprechen, als ob es eine sei. Hier aber scheiden sich im Denken die Wege.

In den Standort einer zusehenden Gottheit sich versetzend, entwirft man sich wohl ein Bild des Ganzen. Im Geschichtsverlauf der Menschheitstotalität stehen wir an dieser bestimmten Stelle, im gegenwärtigen Ganzen nimmt der Einzelne diesen bestimmten Ort ein. Ein objektives Ganze, sei dieses klar konstruiert oder bis zur Verschwommenheit dunkel als ein Werdendes vorgestellt, ist dann der Hintergrund, auf dem ich meiner Situation in ihrer Zwangsläufigkeit, Besonderheit und Wandelbarkeit mich vergewissere. Mein Ort ist gleichsam durch Koordinaten bestimmt: was ich bin, ist die Funktion dieses Orts; das Sein ist das Ganze, ich eine Folge oder Modifikation oder Glied. Mein Wesen ist die historische Epoche wie die soziologische Lage im ganzen.

Das geschichtliche Bild universaler Menschheitsentwicklung als des einen notwendigen Verlaufs, in welcher Gestalt auch immer es wahr gedacht wird, hat wohl faszinierende Wirkung. Ich bin, was die Zeit ist. Was aber die Zeit ist, ergibt sich als Ort in der Entwicklung. Kenne ich ihn, so weiß ich, was die Zeit fordert. Um zum eigentlichen Sein zu kommen, muß ich das Ganze kennen, in dem ich bestimme, wo wir heute stehen. Die Aufgaben der Gegenwart sind als ganz spezifische mit dem Pathos absoluter Geltung für jetzt auszusprechen. Durch sie bin ich auf die Gegenwart zwar eingeschränkt, aber weil ich sie darin überblicke, gehöre ich zugleich der Weite des Ganzen an. Niemand kann über seine Zeit hinaus; er fiele ins Leere. Da ich die Zeit aus dem Wissen des Ganzen her kenne, oder es als sinnvolles Ziel ansehe, sie so kennen zu können, wende ich mich in Selbstgewißheit gegen die, welche die Forderungen der Zeit, die ich weiß, nicht anerkennen: sie versagen sich der Zeit, sind Drückeberger der Geschichte, begehen Fahnenflucht aus der Wirklichkeit.

Man hat unter der Suggestion solcher Denkungsart wohl Angst, unzeitgemäß zu sein. Man schaut aus, um nur ja nicht zurückzubleiben: als ob die Wirklichkeit an sich selbst ihren Gang ginge, und man im Schritt mit ihr bleiben möchte. Oberste Forderung ist, was „die Zeit verlangt". Etwas als vergangen beurteilen: als vorkantisch, vormärzlich, Vorkriegsart, gilt wie Erledigung. Man meint nun vorwurfsvoll sagen zu können: dies paßt nicht in die Zeit, du kennst nicht die Zeit, bist der Wirklichkeit fremd, verstehst die neue Generation nicht. Das nur Neue wird das Wahre, die Jugend Wirklichkeit der Zeit. Es ist das Heute um jeden Preis. Dieser Drang zum Ja und zu sich, wie man nun einmal ist, führt zum Lärm der Gegenwart, zur Fanfare ihrer Verherrlichung, als ob erwiesen wäre, was das Heute sei.

Diese Ganzheitsbetrachtung, die Meinung, wissen zu können, was das Ganze, geschichtlich und gegenwärtig, sei, ist ein Grundirrtum; das Sein dieses Ganzen ist selbst fraglich. Ob ich das Zeitalter in der Betrachtung bestimme als ein geistiges Prinzip, als eigentümliches Lebensgefühl, als soziologische Struktur, als eine besondere Wirtschaftsordnung oder Staatlichkeit, in jedem Falle begreife ich keinen letzten Ursprung des Ganzen, sondern eine mögliche Perspektive der Orientierung in ihm. Denn woraus ich in keinem Sinne heraustreten kann, kann ich nicht wie von außen überblicken. Wo das eigene Sein noch mitzusprechen hat bei dem, was jetzt ist, ist ein vorausnehmendes Wissen nur eine Willensäußerung: Suggestion eines Weges, den ich beschritten wünsche; Ressentiment, das ich im Hasse eines solchen Wissens entlade; Passivität, die dadurch gerechtfertigt wird; ästhetische Lust, die sich an der

Großartigkeit des Bildes ergötzt; Gebärde, durch deren Eindruck ich Geltung gewinnen will.

Jedoch haben Wissensperspektiven in der Relativität nicht nur Sinn, sondern sind unerläßlich, um in den echten Grund der eigenen Situation zu kommen, wenn der andere und wahre Weg, der die Ganzheit nicht weiß, versucht wird. Ich kann mich unablässig darum bemühen, meine Zeit aus ihren Situationen zu verstehen, wenn ich weiß, wie und wodurch und in welchen Grenzen ich weiß. Das Kennen meiner Welt wird der einzige Weg, um zunächst im Bewußtsein die Weite des Möglichen zu gewinnen, dann im Dasein zu rechtem Planen und wirklichen Entschlüssen zu kommen, schließlich jene Anschauungen und Gedanken zu erwerben, welche mich dazu führen, im Philosophieren das menschliche Dasein in seinen Chiffren als die Sprache der Transzendenz zu lesen.

Auf dem wahren Weg entwickelt sich also die Antinomie, daß der ursprüngliche Impuls, das Ganze zu erfassen, scheitern muß im unvermeidlichen Zerstäuben des Ganzen zu partikularen Perspektiven und Konstellationen, aus denen rückwärts ein Ganzes gesucht wird.

Daher werden die Verabsolutierungen der Pole zu Irrwegen: Ich nehme ein Ganzes für ein Gewußtes und habe doch nur ein Bild; oder ich bleibe in einer partikularen Perspektive, ohne ein Ganzes auch nur in der suchenden Intention zu haben, und fälsche die Situation dadurch, daß ich eine endlich bestimmte Zufälligkeit absolut nehme.

Die irrenden Haltungen haben in ihrer Gegensätzlichkeit etwas Gemeinsames. Die bildhafte Abstraktion des Ganzen ist eine Beruhigung für jemanden, der sich draußen stellt, und nicht mehr unbedingt mittut, außer im Beklagen oder Preisen oder begeisterten Hoffen als im Reden von einem Anderen, das ohne ihn geschieht. Die Fixierung einer endlichen Situation in der Gewußtheit zum Sein an sich verschließt das Bewußtsein in der Enge seiner Zufälligkeit. Bilder des Ganzen und schlagende Bestimmtheit des Besonderen dienen gleicherweise der Trägheit, sich abzufinden in nur betriebsamer Tätigkeit; sie sollen verhindern, radikal in den eigenen Grund zu dringen.

Beiden entgegen ist die Haltung des Seins als Selbstsein, das sich orientiert; Ziel der Situationserhellung ist, das eigene Werden in der besonderen Situation mit der größten Entschiedenheit bewußt ergreifen zu können. Für den wirklich darin Seienden kann das menschliche Dasein im Wissen weder als Geschichte noch als Gegenwart ganz werden. Der wirklichen Situation des einzelnen gegenüber ist jede allgemein aufgefaßte Situation eine Abstraktion, ihre Schilderung eine verallgemeinernde Typisierung; an ihr gemessen wird in der konkreten Situation vieles fehlen und anderes hinzukommen ohne Ende eines abschließenden Wissens. Aber Bilder der Situationen sind der Sporn, durch den der einzelne erweckt wird, sich zurückzufinden zu dem, worauf es eigentlich ankommt.

Die Konstruktion der geistigen Situation der Gegenwart, welche nicht in die runde Gestalt eines geschaffenen Bildes vom Sein verfallen will, wird sich nicht schließen. Mit dem Wissen von den Grenzen des Wißbaren und von der Gefahr der Verabsolutierung wird sie jedes ihrer Gebilde sich so überschlagen lassen, daß ein anderes fühlbar wird. Sie wird sie reduzieren auf partikulare Perspektiven, die zwar in ihrer Partikularität eine Geltung, aber keine absolute Geltung haben.

Wird so die Daseinsordnung der Menschenmassen als Prinzip der Wirklichkeit zugrunde gelegt, so hört dieses doch an Grenzen auf, an denen für dieses Dasein anonyme Mächte als die ausschlaggebenden erscheinen.

Wird der Zerfall geistigen Tuns erörtert, so doch bis an die Grenze, wo der Ansatz neuer Möglichkeiten sichtbar ist.

Wird das Spezifische der Zeit in der Weise gesehen, wie man das Menschsein denkt, so führt die Darstellung grade an den Punkt, wo Philosophie des Menschseins umschlägt in Existenzphilosophie.

Wird eine betrachtende Prognose darstellend angedeutet, so doch mit dem Ziel, an ihr den Sinn der erweckenden Prognose hervorgehen zu lassen.

Wird von Dasein gesprochen, ist doch der Sinn, das Selbstsein fühlbar zu machen.

In Antithesen, welche nicht auf einer Ebene kontrastieren, sondern jeweils eine ganz andere Seinsebene zum Vorschein bringen, wird sich ein Erdenken der geistigen Situation der Zeit bewegen, welches am Ende nicht weiß, was ist, sondern durch Wissen sucht, was sein kann.

Was die Gottheit wissen könnte, kann nicht der Mensch wissen wollen. Er würde mit diesem Wissen sein Zeitdasein aufheben, dessen Tun erst noch sein Wissen bewirken soll.

Erster Teil: Massenordnung in Daseinsfürsorge.

Der Strudel des modernen Daseins macht, was eigentlich geschieht, unfaßbar. Ihm nicht entrinnend an ein Ufer, das eine reine Betrachtung des Ganzen zuließe, treiben wir im Dasein wie in einem Meere. Der Strudel bringt zutage, was wir nur sehen, wenn wir in ihm mitgerissen werden.

Dieses Dasein ist jedoch heute mit einer allverbreiteten Selbstverständlichkeit gesehen als Massenversorgung in rationaler Produktion auf Grund technischer Erfindungen. Wenn dieses Wissen vom Ganzen eines begreifbaren Prozesses zum entscheidenden Bewußtsein vom Sein der Gegenwart wird, so ist das Unentrinnbare nicht mehr der in seinen Möglichkeiten unergründliche Strudel, sondern der im notwendigen Gang ökonomischer Entwicklung jeweils laufende Apparat.

Mit dem Ziel, unsere geistige Situation zu erhellen, gehen wir aus von dieser Weise, wie heute die Wirklichkeit gesehen wird. Eine knappe Vergegenwärtigung des Bekannten soll die Bedeutung dieses Wissens fühlbar machen: wenn die in ihm erfaßte Wirklichkeit an sich mächtig ist, so ist doch dieses Wissen als solches zu einer neuen, nunmehr geistigen Macht geworden, die, wenn sie sich nicht auf zwingend begründete rationale Anwendung zu zweckhaftem Tun im einzelnen beschränkt, sondern sich zum Bild des gesamten Daseins verabsolutiert, ein Glaube ist, der nur geistig zu ergreifen oder zu bekämpfen bleibt. Während die wissenschaftliche Forschung im Besonderen Art und Maß der wirtschaftlichen Mächte zu untersuchen hat, ist für das geistige Situationsbewußtsein entscheidend die Antwort auf die Frage, ob diese Mächte und ihre Hervorbringungen die einzige und alles beherrschende Wirklichkeit des Menschen sind.

Massendasein und seine Bedingungen. — Nach Schätzungen betrug die Bevölkerung der Erde im Jahre 1800 etwa 850 Millionen Menschen, heute 1800 Millionen. Diese nie dagewesene Bevölkerungsvermehrung innerhalb eines einzigen Jahrhunderts ist möglich geworden durch die Technik. Entdeckungen und Erfindungen schufen: eine neue Basis der Produktion; Organisation der Betriebe; das methodische Verfahren ergiebigster Arbeitsleistung; Transport und Verkehr, welche überall alles zur Verfügung stellen; die Ordnung des Lebens durch formales Recht und zuverlässige Polizei; auf Grund von all dem die sichere Kalkulation von Unternehmungen. Es bauten sich Betriebe auf, welche von einem Zentrum her planmäßig gelenkt werden, obgleich in ihnen hunderttausende von Menschen tätig sind, und sie über große Teile des Planeten ihre Arme ausstrecken.

Diese Entwicklung ist gebunden an die Rationalisierung des Tuns: nicht nach Instinkt und Neigung, sondern auf Grund von Wissen und Berechnung werden die Entschlüsse gefaßt; und dann an die Mechanisierung: die Arbeit wird zu einem bis ins einzelne errechneten, an zwingende Regeln gebundenen Tun, das unter den Individuen austauschbar doch dasselbe bleibt. Wo der Mensch früher nur abwartete, an sich herankommen ließ, denkt er voraus und möchte nichts dem Zufall überlassen; der ausführende Arbeiter jedoch muß in weiten Bereichen selbst zum Teil der Maschinerie werden.

Die Bevölkerungsmassen können nicht leben ohne den riesigen Leistungsapparat, in dem sie als Rädchen mitarbeiten, um ihr Dasein zu ermöglichen. Dafür sind wir versorgt, wie es noch niemals in der Geschichte Menschenmassen waren. Noch im Anfang des 19. Jahrhunderts gab es in Deutschland Hungersnöte. Seuchen verheerten die Bevölkerung, die Säuglinge starben in der Mehrzahl, alt wurden wenig Menschen. Heute sind eigentliche Hungersnöte in Gebieten abendländischer Zivilisation in friedlichen Zeiten ausgeschlossen. Starb 1750 in London jährlich einer von zwanzig Menschen, so heute einer von achtzig. Versicherung gegen Arbeitslosigkeit und Krankheit und soziale Fürsorge verhindern, daß jemand der Not völlig preisgegeben erbarmungslos dem Hungertod verfällt, wie es früher für ganze Bevölkerungsteile selbstverständlich war, und es jetzt in asiatischen Gebieten noch ist.

Massenversorgung geschieht nicht nach einem einzigen Plan, sondern selbst wieder in unendlich kompliziertem Zusammenwirken des Rationalisierens und Mechanisierens aus vielen Ursprüngen her. Das Ganze ist nicht eine Sklavenwirtschaft, in der über Menschen wie über Tiere verfügt werden kann, sondern eine Wirtschaft von Menschen, deren guter Wille je an ihrer Stelle als vertrauendes Mitwirken Bedingung für das Funktionieren des Ganzen ist. Die politische Struktur dieses Leistungsapparates wird Demokratie in irgendeiner Gestalt. Niemand mehr vermag ohne Duldung durch die Masse das, was sie tun soll, nach einem erdachten Plan gewaltsam zu bestimmen. Der Apparat entwickelt sich vielmehr in der Spannung sich bekämpfender und in eins wirkender Willensrichtungen; was der einzelne tut, hat sein Kriterium an dem Leistungserfolg, der auf die Dauer über Bestand oder Vernichtung seines Tuns entscheidet. Darum ist zwar alles Plan, aber kein Plan des Ganzen.

Mit diesem Dasein ist als seine Grundwissenschaft die Volkswirtschaftslehre seit zwei Jahrhunderten erwachsen. Da in dieser Zeit die technisch-wirtschaftlichen und sozialen Bewegungen für das allgemeine Bewußtsein immer mehr den historischen Gang der Dinge entschieden, ist das Wissen von ihnen wie zur Wissenschaft der menschlichen Dinge überhaupt geworden. Aus ihr ist die unermeßliche Verwicklung zu ersehen, in der das als solches so einfach scheinende Prinzip zweckhaftrationaler Ordnung der Daseinsfürsorge sich verwirklicht. Sie zeigt eine Welt der Beherrschbarkeit, welche, nirgends als Ganzes sichtbar, doch nur ist, indem sie sich beständig verwandelt.

Das Bewußtsein im Zeitalter der Technik. — Die Folge der Technik für das tägliche Leben ist die zuverlässige Versorgung mit dem Lebensnotwendigen, aber in einer Gestalt, welche die Lust daran mindert, weil es als selbstverständlich erwartet, nicht positiv als Erfüllung erfahren wird. Alles ist bloßer Stoff, für Geld augenblicklich zu haben; es entbehrt der Farbe des persönlich Hervorgebrachten. Die Gegenstände des Gebrauchs sind massenhaft hergestellt, werden verschlissen und weggeworfen; sie sind schnell auswechselbar. In der Technik sucht man nicht das Kostbare einmaliger Qualität, das über Mode durch sein Nahesein im persönlichen Leben hinausgehobene Eigene, das man pflegt und wiederherstellt. Alle bloße Bedarfsbefriedigung wird daher gleichgültig; es wird als wesentlich immer nur verspürt, was nicht da ist. Die das Leben sichernde Versorgung, wie auch ihr Umfang wächst, steigert das Gefühl des Mangels und die Empfindlichkeit gegen Gefahr.

Es gibt an Gebrauchsgegenständen die zweckmäßigen, schlechthin vollendeten Typen, die endgültigen Formen, deren Fabrikation nunmehr normiert werden kann. Sie sind durch keinen einzelnen klugen Kopf planmäßig zu finden, sondern jeweils Resultat einer Bewegung des Erfindens und Gestaltens einer Generation. Das Zweirad etwa machte diese Entwicklung über Formen, die heute komisch anmuten, im Laufe zweier Dezennien durch, bis es seine endgültige Form in einer begrenzten Anzahl von Modifikationen erreicht und seitdem behalten hat. Wenn auch heute noch die meisten Gebrauchsgegenstände irgendwo abstoßen durch Ungemäßheit von Formen, durch Schnörkel und Überfluß, durch unpraktische Einzelheiten, durch betonte und darum unsachliche Technizität, das Ideal ist klar und in einigen Fällen verwirklicht. Wo es verwirklicht ist, hat ein Attachement zu einem bestimmten Exemplar in der Tat keinen Sinn mehr; man liebt nur die Form, nicht das Exemplar, und hat trotz aller Künstlichkeit eine eigentümliche neue Nähe zu Dingen als von Menschen Hervorgebrachten, nämlich zu ihnen in ihrer Funktion.

Die technische Überwindung von Zeit und Raum durch die tägliche Mitteilung der Zeitungen, das Reisen, die Massenhaftigkeit des Abbildens und Reproduzierens durch Kino und Radio hat eine Berührung aller mit allem ermöglicht. Nichts ist fern, geheim, wunderbar. Bei den Ereignissen, welche als die großen gelten, können Alle zugegen sein. Die Menschen, welche grade die Führerplätze einnehmen, kennt man, als ob man ihnen täglich begegnete.

Die innere Haltung in dieser technischen Welt hat man Sachlichkeit genannt. Man will nicht Redensarten, sondern Wissen, nicht Grübeln über Sinn, sondern geschicktes Zugreifen, nicht Gefühle, sondern Objektivität, kein Geheimnis wirkender Mächte, sondern klare Feststellung des Faktischen. In der Mitteilung verlangt man den Ausdruck knapp, plastisch, ohne Sentiment. Aneinandergereihte gute Bemerkungen, die wie Stoff einer vergangenen Bildung wirken, gelten nicht. Man verwirft Umständlichkeit der Worte und fordert Konstruktion des Gedankens, will nicht Gerede, sondern Schlichtheit. Alles, was ist, rückt in die Nähe der Beherrschbarkeit und richtigen Einrichtung. Die Selbstverständlichkeit des Technischen macht die Gewandtheit im Umgang mit allen Dingen, die Leichtigkeit der Mitteilung normalisiert das Wissen, Hygiene und Komfort schematisieren das körperliche und erotische Dasein. Im Verhalten des Alltags drängt sich das Regelhafte vor. Der Anspruch, etwas zu tun, wie es alle machen, nicht aufzufallen, bringt einen alles aufsaugenden Typismus zur Herrschaft, auf neuer Ebene vergleichbar dem der primitivsten Zeiten.

Das Individuum ist aufgelöst in Funktion. Sein ist sachlich sein; wo Persönlichkeit fühlbar wäre, wäre Sachlichkeit durchbrochen. Der einzelne lebt als soziales Daseinsbewußtsein. So hat er im Grenzfall Arbeitsfreude ohne Selbstgefühl; das Kollektiv lebt; und was dem einzelnen langweilig, ja unerträglich wäre, das vermag er im Kollektiv, wie von einem anderen Antrieb beseelt. Er ist nur noch ein Sein als „wir".

Das Menschsein wird reduziert auf das Allgemeine: auf Vitalität als leistungsfähige Körperlichkeit, auf die Trivialität des Genießens. Die Scheidung von Arbeit und Vergnügen nimmt dem Dasein sein mögliches Gewicht; das Öffentliche wird Unterhaltungsstoff, das Private die Abwechslung von Reiz und Ermüdung und die Gier nach Neuem, dessen unerschöpflicher Strom schnell ins Vergessen zerrinnt; es ist keine Kontinuität, nur Zeitvertreib. Die Sachlichkeit entfaltet zugleich eine endlose Beschäftigung des Allen gemeinsamen Triebhaften: in der Begeisterung für das Massenhafte und Ungeheure, für technische Schöpfungen, für riesige Menschenansammlungen; in den öffentlichen Sensationen durch Leistung, Glück und Geschick einzelner Individuen; in dem Raffinement und der Brutalisierung des Erotischen; im Spiel und Abenteuer und selbst im Lebensrisiko. Lotterien haben eine erstaunliche Beteiligung; Kreuzworträtsel sind eine Lieblingsbeschäftigung. Die sachliche Befriedigung des Gemüts ohne persönliche Beteiligung sichert die Leistungsfunktion, deren Ermüdung und Erholung reguliert wird.

In der Auflösung zur Funktion wird das Dasein seiner geschichtlichen Besonderheit entkleidet; bis zu dem Extrem der Nivellierung der Lebensalter. Jugend als das Dasein der höchsten vitalen Leistungsfähigkeit und des erotischen Lebensjubels ist der erwünschte Typus des Lebens überhaupt. Wo der Mensch nur als Funktion gilt, muß er jung sein; wenn er es nicht mehr ist, wird er den Schein der Jugend herstellen. Dazu kommt, daß das Lebensalter schon ursprünglich nichts mehr gilt; das Leben des einzelnen wird nur augenblicklich erfahren, seine zeitliche Erstreckung ist eine zufällige Dauer, ist nicht als Aufbau unwiderruflicher Entscheidungen auf dem Grunde biologischer Phasen erinnert und bewahrt. Hat der Mensch eigentlich kein Lebensalter mehr, so fängt er stets von vorn an und ist stets am Ende: er kann dies tun und auch das, und einmal dies, ein andermal jenes; alles scheint jederzeit möglich zu sein, nichts eigentlich wirklich. Der einzelne ist ein Fall von Millionen, warum sollte er seinem Tun Gewicht geben? Was geschieht, das ist bald geschehen und dann vergessen. Man benimmt sich daher, als ob alles gleich alt sei. Kinder sind so früh als möglich wie Erwachsene und reden mit aus eigenem Anspruch. Es ist keine Scheu vor dem Alter, wo das Alter selbst sich gibt, als ob es jung sei; statt zu tun, was seine Sache ist, und dadurch den Jüngeren in der Distanz möglicher Maßstab zu sein, nimmt es die Gestalt unverbindlicher Vitalität an, welche der Jugend noch gemäß, ihm aber Würdelosigkeit ist. Echte Jugend will Abstand, nicht Durcheinander, Alter will Form und Verwirklichung und die Kontinuität seines Schicksals.

Da das Allgemeine der Sachlichkeit die Verständlichkeit für jedermann durch Einfachheit verlangt, führt sie zu einer Weltsprache aller menschlichen Verhaltungsweisen. Nicht nur Moden, auch Regeln des Umgangs, Gebärden, Redeweisen, Weisen des Berichtens werden einheitlich. Ein Umgangsethos wird allgemein: Höfliches Lächeln, Ruhe, keine Hast und kein Drängeln, Humor in gespannten Situationen, Bereitwilligkeit zur Hilfe, sofern der Einsatz nicht zu hoch erscheint, kein Berühren von Mensch zu Mensch im Persönlichen, wo man sich in Massen zusammenfindet eine selbstdisziplinierte Ordnung, — das alles ist zweckmäßig für ein Zusammenleben Vieler und wird verwirklicht.

Die Herrschaft des Apparats. — Indem der Riesenapparat der Daseinsfürsorge die einzelnen zur Funktion macht, löst er sie aus den substantiellen Lebensgehalten heraus, die früher als Tradition den Menschen umfingen. Man hat gesagt: die Menschen werden wie Sand durcheinander geschüttet. Das Gebäude ist der Apparat, in dem sie beliebig bald hier bald dort hingestellt werden, nicht eine geschichtliche Substanz, die sie mit ihrem Selbstsein erfüllen. Immer mehr Menschen führen dieses losgerissene Dasein. Herumgeworfen, dann arbeitslos und nichts als das nackte Dasein, haben sie keinen eigentlichen Ort mehr in einem Ganzen. Die früher tiefe Wahrheit, jeder solle an seinem Platz in der Schöpfung seine Aufgabe erfüllen, wird zur täuschenden Redensart, um den Menschen zu beschwichtigen, der das unheimliche Grauen der Verlassenheit fühlt. Was der Mensch tun kann, ist auf kurze Sicht. Er bekommt Aufgaben, aber keine Kontinuität seines Daseins. Seine Leistung wird zweckhaft vollbracht und ist dann erledigt. Sie wird eine Zeitlang identisch wiederholt, aber sie kann nicht vertiefend wiederholt werden, so daß sie zu eigen würde dem, der sie tut; keine Kumulation an Selbstsein ist darin zu erfahren. Das Gewesene gilt nicht mehr, nur das grade Gegenwärtige. Das Vergessen ist der Grundzug dieses Daseins, dessen Perspektiven in Vergangenheit und Zukunft fast zur bloßen Gegenwart zusammenschrumpften. Es wird ein Hinfließen des Lebens ohne Erinnerung und ohne Voraussicht, außer der Kraft des zweckhaft abstrahierenden Blicks in der Leistungsfunktion am Apparat. Es schwindet die Liebe zu den Dingen und Menschen. Das fertig Gemachte ist wie verschwunden, was bleibt ist die Maschinerie, in der Neues gemacht wird. Zwangsläufig gebunden an die nächsten Ziele bleibt dem Menschen kein Raum für den Blick auf ein Lebensganzes.

Wenn das Maß des Menschen die durchschnittliche Leistungsfähigkeit ist, so ist der einzelne als einzelner gleichgültig. Niemand ist unersetzlich. Mit dem, als was er da war, ist er ein Allgemeines, nicht er selbst. Vorbestimmt zu diesem Leben sind Menschen, die gar nicht selbst sein wollen; sie haben den Vorrang. Die Welt scheint in die Hände der Mittelmäßigkeit geraten zu müssen, der Menschen ohne Schicksal, ohne Rang und ohne eigentliche Menschlichkeit.

Es ist als hätte der versachlichte, von seiner Wurzel gerissene Mensch das Wesentliche verloren. Als die Transparenz des eigentlichen Seins spricht ihn nichts an. In Lust oder Unbehagen, in Anstrengung und Ermüdung ist er seine jeweilige Funktion. Von Tag zu Tage lebend ist ihm als Ziel über die augenblickliche Arbeitsleistung hinaus nur übrig, an möglichst gutem Ort im Apparat zu stehen. Es scheidet sich die Masse der Bleibenden von der Minorität der rücksichtslos Vorandrängenden. Die einen sind passiv, wo sie grade stehen, arbeiten und genießen dann die Freizeit; die anderen sind aktiv durch Ehrgeiz und Machtwillen und lassen sich verzehren im Erdenken der Chancen und der Anspannung ihrer letzten Kräfte.

Der ganze Apparat wird gelenkt durch eine Bürokratie, die selbst Apparat ist, nämlich der zum Apparat gewordene Mensch, von dem die im Apparat Arbeitenden abhängen. Staat, Gemeinde, Fabrik, Geschäft, alles ist Betrieb durch eine Bürokratie. Was heute ist, braucht viele Menschen und damit Organisation. In der Bürokratie und durch sie gibt es ein Weiterkommen, höhere Geltung bei im Wesen ähnlicher Zwangsläufigkeit der Funktionen, die nur geschicktere Intelligenz, besondere Begabungen, aktives Zugreifen erfordern.

Die Herrschaft des Apparats begünstigt die Menschen, welche die Fähigkeiten haben, die hier voranbringen: Situationsbewußte, rücksichtslose Individuen, welche die Menschen nach ihren Durchschnittseigenschaften kennen und darum erfolgreich behandeln, bereit sind, sich spezialistisch zu einer Virtuosität zu steigern, ohne Muße unbesinnlich leben, fast schlaflos von ihrem Vorwärtswollen behext sind.

Weiter ist erfordert die Gewandtheit, sich beliebt zu machen. Man muß überreden, ja bestechen, — dienstfertig sein, unentbehrlich werden, — schweigen, hintergehen, etwas und nicht zu viel lügen, — unermüdlich in der Auffindung von Gründen sein, — bescheidene Gebärde zur Schau tragen, — an Sentimentalitäten je nach Fall appellieren, — Arbeit zu Gefallen des Vorgesetzten leisten, — keine Selbständigkeit zeigen außer der grade erwünschten partikularen.

Wo kaum noch einer hineingeboren und darum zum Herrschen erzogen wird, sondern jeder sich im Apparat eine gehobene Stellung erst erwerben muß, da ist dieser Gewinn einer Machtposition durchweg gebunden an Verhaltungsweisen, Instinkte, Wertschätzungen, welche das eigentliche Selbstsein als Bedingung verantwortlichen Führens gefährden. Glück und Zufall können einmal einen einzelnen tragen; durchweg haben die Gewinner Eigenschaften, welche es nicht ertragen, daß Menschen sie selbst sind, und daher mit untrüglicher Sensibilität gegen solche Wesen sie mit allen Mitteln zu verdrängen suchen: sie heißen ihnen anmaßend, Eigenbrödler, einseitig, unbrauchbar; ihre Leistungen werden mit unwahrhaftigen absoluten Maßstäben gemessen; sie werden persönlich verdächtigt, ihr Benehmen aufgefaßt als provozierend, Unruhe stiftend, den Frieden einer Gesellschaft aufhebend und die gehörigen Grenzen überschreitend. Weil voran nur kann, wer sein Selbstsein preisgab, will er keinem Nachfolgenden dieses gönnen.

Methoden des Vorankommens im Apparat bestimmen daher die Auslese. Weil nur etwas erreicht, wer sich hindrängt, grade dies Faktische aber niemand in konkreter Situation eingestehen darf, ist als vornehm die Gebärde des Wartens und Sichrufenlassens erfordert: es kommt auf die Verfahren an, wie man sich scheinbar zurückhaltend in Position bringt. Man läßt unmerklich, zunächst in zufälligen geselligen Berührungen, ein Gerede entstehen. Hypothetische Gedanken werden wie gleichgültig geäußert. Man leitet ein: ich denke nicht daran..., es ist nicht zu erwarten, daß..., um auszusprechen, was man möchte. Gelingt es nicht, so hat man nichts gesagt. Gelingt es, so kann man bald von einem Vorschlag, einem Angebot berichten und sich dazu stellen, als ob man widerwillig in die Lage gekommen wäre. Man umgibt sich mit der Gewohnheit, vielerlei und widersprechend zu reden. Man muß mit allen Menschen so umgehen, daß man für jeden Fall möglichst viel Beziehungen hat, um die grade nötige benutzen zu können. An die Stelle der Kameradschaft selbstseiender Menschen tritt das Afterbild der Freundschaft derer, die sich stillschweigend im gemeinen finden unter der Form eines konzilianten Umgangs. Kein Spielverderber im Vergnügen zu sein, jedem seine Achtung zu bezeigen, in Entrüstung zu fallen, wo auf Widerhall sicher zu rechnen ist, die gemeinsamen materiellen Interessen, wie sie auch seien, mit Selbstverständlichkeit nie in Frage zu stellen, dieses und ähnliches ist wesentlich.

Die Herrschaft der Masse. — Masse und Apparat gehören zusammen. Die große Maschinerie ist notwendig, um den Massen Dasein zu geben. Sie muß eingestellt sein auf Masseneigenschaften: in ihrem Betrieb auf die Masse der Arbeitskräfte, in der Produktion auf die Wertschätzungen der Masse der Konsumenten.

Masse als den lockeren Haufen ungegliederter Menschen, welche in ihrer Affektivität eine Einheit werden, gab es immer als vorübergehende Wirklichkeit. Masse als Publikum ist ein jeweils historisch typisches Produkt: die geistig durch Rezeption von Wort und Meinung zusammengehörenden Menschen unbestimmter Abgrenzung und Schichtung. Masse als die Gesamtheit der Menschen, welche in einem Apparat der Daseinsordnung so gegliedert sind, daß Wille und Eigenschaften der Majoritäten den Ausschlag geben müssen, ist die kontinuierlich sich auswirkende Macht unserer Welt, die im Publikum und in der Masse als Menschenhaufen nur vorübergehende Erscheinung annimmt.

Die Eigenschaften der Masse als der transitorischen Einheit eines Menschenhaufens hat Le Bon als Impulsivität, Suggestibilität, Intoleranz, Wandelbarkeit usw. trefflich analysiert. Die Eigenschaft der Masse als Publikum ist, das Phantom einer großen Zahl zu sein, welche meint, ohne in irgendeinem Menschen da zu sein; die namenlosen Anderen, auf keine Weise sich begegnenden Vielen, welche durch ihre Meinung entscheiden. Diese Meinung heißt „die öffentliche

Meinung". Sie wird als Fiktion, die aller zu sein, angerufen, ausgesprochen und von je einzelnen und Gruppen für sich behauptet. Sie ist dennoch eigentlich ungreifbar, daher stets täuschend, augenblicklich und verschwindend, ein Nichts, das als das Nichts der großen Zahl eine im Augenblick vernichtende und erhebende Macht wird.

Die Eigenschaften der im Apparat gegliederten Masse zu erkennen, ist weder einfach noch endgültig. Was der Mensch sei, wird sichtbar in dem, was die meisten tun; in dem was gekauft wird, was genossen wird; in dem worauf man rechnen kann, wenn es auf Quantitäten von Menschen ankommt, nicht auf die Liebhaberei einzelner. Wie das Budget des privaten Haushalts durch seine Verteilung kennzeichnendes Merkmal für das Wesen des einzelnen Menschen ist, so das des von Majoritäten abhängigen Staates für die Massen. Wofür man Geld hat, und wofür man es nicht hat, das läßt bei Kenntnis der zur Verfügung stehenden Gesamtmittel einen Schluß auf das Wesen des Menschen zu. Am unmittelbarsten lehrt jeden die Erfahrung in Berührung mit vielen Menschen, was durchschnittlich zu erwarten ist. Die Urteile hierüber sind seit Jahrtausenden merkwürdig ähnlich. Die Menschen in ihrer Menge scheinen blos da sein und ihre Lust haben zu wollen, scheinen zu arbeiten unter der Wirkung von Peitsche und Zuckerbrot; sie wollen nichts eigentlich, kommen nur in Rage, aber nicht zum Willen; sie sind lau und gleichgültig, leiden ihr Elend; wenn sie eine Atempause haben, langweilen sie sich und dürsten nach Neuem.

Der im Daseinsapparat gegliederten Masse gilt die Fiktion der Gleichheit. Man vergleicht sich, wenn niemand er selbst ist, als der er unvergleichbar wäre. Was der andere hat, möchte ich auch haben; was der andere kann, würde ich auch gekonnt haben. Der Neid herrscht heimlich und die Sucht, zu genießen durch Mehrhaben und Mehrgelten.

Mußte man in früheren Zeiten Fürsten und Diplomaten

kennen, um zu wissen, worauf man rechnen kann, so sind es heute die Eigenschaften der Masse. Es ist Lebensbedingung geworden, eine Funktion zu erfüllen, welche irgendwie Massen dient. Die Masse mit ihrer Apparatur ist Gegenstand unseres vitalsten Interesses. Ihre Majoritäten sind unser Herr. Sie ist für jeden, der sich nicht selbst täuscht, das Feld seiner vollkommenen Daseinsabhängigkeit, seiner Betätigung, Sorge und Verpflichtung. Auch er gehört zu ihr, aber sie droht den Menschen versinken zu lassen in der Rhetorik und dem Trubel des „wir alle", dessen unwahrhaftiges Kraftgefühl doch wie nichts verrauscht. Auch die gegliederte Masse ist geistlos und unmenschlich. Sie ist Dasein ohne Existenz, Aberglaube ohne Glaube. Sie kann alles zertreten, hat die Tendenz, keine Größe zu dulden und keine Selbständigkeit, aber die Menschen zu züchten, daß sie zu Ameisen werden.

Mit der Konsolidierung des Riesenapparates der Massenordnung muß jeder ihm dienen und jeweils neu durch seine Arbeit mit hervorbringen. Will er durch geistiges Tun leben, so scheint er das nur zu können, wenn er an der Befriedigung irgendeiner Menge mitwirkt. Er muß zur Geltung bringen, was einer Menge willkommen ist. Sie will Daseinsbefriedigungen in Nahrung, Erotik, Selbstgeltung; ihr macht das Leben keine Freude, wenn davon nur eines verkümmert. Dazu will sie eine Weise, sich selbst zu wissen. Sie will geführt sein, doch so, daß sie zu führen meint. Sie will nicht frei sein, aber für frei gelten. Um ihr entgegen zu kommen, muß faktisch ein Durchschnittliches und Gewöhnliches, aber nicht gradezu und als solches benannt, verherrlicht oder wenigstens gerechtfertigt werden als das Allgemeinmenschliche. Was ihr nicht zugänglich ist, heißt lebensfremd.

Um in der Masse zur Wirkung zu kommen, bedarf es der Reklame. Ihr Lärm ist die Form, in der heute auch jede geistige Bewegung vor sich gehen muß. Die Lebensform der Stille in menschlicher Wirksamkeit scheint vergangen: Man muß sich zeigen, Vorträge und Reden halten, eine Sensation erwecken lassen. Jedoch mangelt in dem Massenapparat die echte Großheit der Repräsentation. Es fehlt die Feier. Feste sind unglaubwürdig, auch für die Teilnehmer. Würde man sich den Papst, wie er im Mittelalter seine Reisen in Europa machte, so jetzt im feierlichen Zuge über den ganzen Erdball denken, etwa in das Zentrum gegenwärtiger Macht, Amerika, es würde ein unvergleichliches Phänomen sichtbar werden.

Zweiter Teil: Grenzen der Daseinsordnung.

Die geschilderten Bilder modernen Daseins sind nicht als die einzigen anzuerkennen. Aber heute ist eine Richtung der Verwirklichung, welche ihnen entspricht; diese Bilder haben zudem eine so weitgehende Herrschaft im modernen Bewußtsein, daß viel von dem Gesagten in heutigen Sprechen unabhängig von Weltanschauung und Partei ubiquitär ist. Die in ihren Perspektiven sich zeigende Wirklichkeit offenbart zwar eine unabsehbare Abhängigkeit des Menschen; aber wie er dieses Wissen, das ihm die geistige Situation heute aufzwingt, verarbeitet, bedeutet erst, was aus dem Menschen selbst wird. Schon die einfache Schilderung der Massenordnung löste unvermeidlich positive und negative Wertschätzungen und damit ein Verhalten des Denkenden zu sich aus; der Mensch steht vor der Frage, ob er sich dem gewußten Übermächtigen, das alles zu bestimmen scheint, unterwerfen will, oder ob er Wege sieht, die er gehen kann, weil die Macht dahin nicht reicht.

Eine Verabsolutierung der alles übergreifenden Daseinsordnung wird etwa so formuliert: Dasein sei als die planvolle Befriedigung der lebensnotwendigen Bedürfnisse aller; das Geistige gehe in diese Welt, die es für sich fordere, ein; nur dürfe es die Lust am Arbeiten nicht hindern, müsse vielmehr die Befriedigung der Bedürfnisse fördern, zur Verbesserung von Arbeitsweise, Technik und soziologischem Apparat beisteuern. Der einzelne habe sein Dasein nur im Dienst für das Ganze, durch das er zugleich eine teilweise und nur so weit mögliche Befriedigung seines Eigendaseins erfahre; es bestehe der sich in sich schließende Kreis der Selbsterhaltung menschlichen Daseins, der sich ins Endlose wandeln müsse, bis utopisch die Lust am Dasein für alle identisch werde mit der Lust an der Arbeit, durch welche es ist. Nach dem Maßstab des größten Glückes der größten Anzahl sei der Sinn des menschlichen Daseins die ökonomische Versorgung der größten Massen zur reichsten Befriedigung der mannigfaltigsten Bedürfnisse.

Aber weder ist die Richtung dieser Verwirklichung bis zum Ende durchzuführen noch ist die Herrschaft solcher Bilder im heutigen Bewußtsein eine absolute. Technik, Apparat und Massendasein erschöpfen nicht das Sein des Menschen. Diese Tendenzen, welche er sich selbst geschaffen hat, wirken zwar auf ihn zurück, aber sie sind nicht zwingend für sein Sein schlechthin. Sie stoßen auf ihn selbst, der noch anderes ist. Aus einer begrenzten Zahl von Prinzipien läßt sich nicht der Mensch ableiten; deren Konstruktion erhellt Zusammenhänge, die nur um so entschiedener fühlbar machen, was in sie nicht eingeht.

Daher ist mit dem Wissen von dieser Daseinsordnung, sofern sie verabsolutiert wird, entweder heimlich der falsche Glaube an die Möglichkeit einer endgültig richtigen Welteinrichtung verknüpft, oder die Hoffnungslosigkeit in bezug auf alles menschliche Dasein. Die typische Zufriedenheit mit der Wohlfahrt des Ganzen, die erreicht werden könne, zuckt die Achseln über die unerwünschten Tatsachen, die sie nicht herankommen lassen will. Statt jedoch nur hin und her zu gehen zwischen Bejahung und Verneinung des so gesehenen Daseins, sind vielmehr die Grenzen der Daseinsordnung zum Bewußtsein zu bringen; dadurch wird die Verabsolutierung unmöglich und das aufgelockerte Bewußtsein im Anerkennen der in ihren Relativitäten wißbaren Wirklichkeit geistig frei zu anderen Möglichkeiten.

Es zeigt sich zunächst, daß die massenversorgende Daseinsordnung in der Selbstauffassung nicht zu klarer Konsequenz kommen kann; sie treibt daher eine geistige Haltung, die moderne Sophistik, hervor, welche die Bodenlosigkeit des Geistes im Verhalten zu dieser verabsolutierten Wirklichkeit

offenbart. — Darüber hinaus ist deutlich zu machen, daß eine
beständige Daseinsordnung schlechthin unmöglich ist. —
Dann läßt sich die Unschließbarkeit der modernen Daseinsordnung
beobachten: als ein universaler Daseinsapparat tendiert
sie die seelisch erfüllbare menschliche Daseinswelt der einzelnen einzuschmelzen; die Ordnung des Apparats erfährt daher
in mannigfachen Gestalten Gegenwehr und würde selbst
scheitern, wenn sie ihre Gegner vernichtet hätte. — Da alles
dieses heute gesteigert bewußt geworden ist, ist das Wissen von
der Krise der Ausdruck dessen, daß alles in Gefahr und nichts
mehr radikal in Ordnung ist.

1. Die moderne Sophistik.

Die Sprache der Verschleierung und der Revolte. — Grenzen
der rationalen Daseinsordnung zeigen sich in der Unmöglichkeit, daß dieses Dasein sich in der Wirklichkeit aus ihm selbst
verstehen und rechtfertigen könnte. Damit es sich in seiner Verabsolutierung halte, bedarf es einer Sprache der Verschleierung. Diese wird, je unmöglicher die rationale Richtigkeit zu
erzielen ist, Methode. Ihr Maßstab ist das als errechenbar be-
hauptete „Beste der Allgemeinheit", ihr Interesse die Befriedung aller, die in Ruhe und Ordnung ihre Funktionen erfüllen sollen. Gegenüber den Furchtbarkeiten des Daseins hat
sie ihre beschwichtigenden Instanzen. Was dennoch durch Zwang
und Gewalt geschehen muß, wird durch Verteilung der Verant-
wortungen auf eine ungreifbare Macht geschoben. Was kein
einzelner auf sich nehmen würde, wagt jeweils der Apparat.
Bei Unlösbarkeiten wird die Wissenschaft als giltige Macht
angerufen; als Magd des als Daseinsordnung verstandenen
öffentlichen Interesses wird sie bereit, in Gestalt der Sachverständigen ihr Urteil zur Verfügung zu stellen, das in äußersten
Schwierigkeiten als inappellabel gelten muß. Wo ein Sach-
verständiger faktisch nicht weiß und nicht wissen kann, muß er

sich mit Formeln helfen, die den Schein eines Wissens geben, etwa in der Rechtfertigung politischer Akte durch staatsrechtliche Interpretation, in der Begründung der Internierung von Verbrechern, in der Deutung der Unfallneurosen zwecks Verminderung der Rentenverpflichtungen usw. Auf die Spitze getrieben scheint, was gesagt wird, gleichgültig zu sein; Wertmaßstab der Formel ist die Eignung, Ordnung zu wahren, Ordnung infrage Stellendes zu verdecken.

Dagegen wendet sich die revoltierende Sprache. Sie gehört der Massenordnung ebenso zu wie die beschwichtigende, nur trübt sie mögliche Klarheit mit anderer Methode. Statt sich in besonnenem Umblick auf ein Ganzes zu richten, sucht sie, das einzelne isolierend, es in radikaler Drastik zu beleuchten. In der Grellheit des einen macht sie blind für das andere. Sie appelliert an alle dunklen Triebe und an höchste ethische Bewertungen, in beliebigem Durcheinander, nur mit dem einen Ziel: die Empörung zu rechtfertigen. Wie die Sprache der rationalen Begründung aus dem allgemeinen Besten Vehikel der Ordnung, so ist die Sprache der isolierenden Auflehnung das der Zerstörung.

Das in solchen Sprachen sich nicht eigentlich verstehende Dasein wankt. Die Unsicherheit seines Meinens und Wollens tritt zutage, wo etwas zwar nicht Sache technischer Daseinsfürsorge ist, diese aber anzugehen scheint, obgleich es ihr faktisch unzugänglich ist. Während man vorgibt, verständig und sachlich zu sein, ist man eigentlich ratlos. Wo etwa in der Diskussion Zwingendes nicht mehr gesagt werden kann, hilft eine ad hoc herbeigezerrte Pathetik. „Heiligkeit des Lebens", „Majestät des Todes", „Majestät des Volkes", „Volkswille ist Gottes Wille", „Dienst am Volke" u. a. sind Wendungen im Munde derer, die sonst im bloßen Dasein verloren scheinen. Wie sie sich so der Diskussion entziehen, geben sie noch indirekt kund, daß ist, was in keine Daseinsordnung eingeht; da sie selbst aber nicht mehr an ihren Wurzeln halten, können sie nicht wissen, was sie eigentlich wollen. Diese Sophistik schwankt zwischen opportunistischer Geschicklichkeit eigensüchtigen Daseins und vernunftlos sich hineinsteigerndem Affekt hin und her.

Wo von vielen etwas getan werden soll und niemand eigentlich weiß, worum es sich handelt und wohin es geht, und jeder ratlos ist, was er wollen soll, entfaltet sich die Verschleierung der Ohnmacht. Die durch eine ihr eigenes Dasein erhaltende Position die Führung haben, appellieren an Einigkeit, an Verantwortung, fordern zu nüchternem Denken auf; man müsse mit den einmal gegebenen Tatsachen rechnen; nicht theoretisieren, sondern praktisch handeln, aber Gewehr bei Fuß stehen und das Pulver trocken halten (man will jedoch niemals schießen); man solle keine Verärgerungspolitik treiben, den Angriff mit allen zulässigen Mitteln bekämpfen; und vor allem die Sache dem Führer überlassen, der schon das Beste aus der Konstellation herausholen werde. Der Führer aber, der mannhaft redet und im Stillen selbst nicht weiß, was er will, hält sich in seiner Position und läßt die Dinge treiben, mit niemandem wirklich Entscheidung wagend.

Entscheidungslosigkeit. — Daseinsordnung fordert Frieden zu ihrem Bestand und verführt die Angst vor der Entscheidung, sich in ihrer Nichtigkeit sophistisch als die wahre Förderung des allgemeinen Interesses zu fühlen:

Die Unersättlichkeit des Begehrens wird in den einzelnen, in Gruppen, Organisationen, Parteien bezähmt dadurch, daß alle sich gegenseitig einschränken. Darum gilt der Ausgleich unter dem Namen der Gerechtigkeit, welche in dem jeweiligen Kompromiß gefunden wird. Dieser ist jedoch entweder die konstruktive Verbindung heterogener Interessen zur Einheit der Daseinseinrichtung oder ist blos gegenseitiges Nachgeben zur Vermeidung der Entscheidung. Zwar muß, wer in das Dasein der Gemeinschaft gegenseitig leistender Tätigkeit tritt, in der notwendigen Sorge um deren Bestand Verständigung wollen, nicht Kampf; er verzichtet daher in Grenzen auf sich als Eigendasein, um Daseinsbestand als Dauer zu ermöglichen; er unterscheidet sein Selbstsein, das unbedingt ist, vom Dasein, das relativ ist, in dem er dann grade als Selbstsein auch die Kraft zum Kompromiß hat. Aber es ist die Frage, wo Kompromiß die Kraft des unterscheidenden Selbstseins als Voraussetzung fordert, oder wo er grade zur Auflösung des Selbstseins führt, wenn er das grenzenlose nivellierende Ausgleichen im Kooperieren mit allen wird.

Denn wo der Mensch in einer Sache ganz er selbst ist, gibt es für ihn ein entweder-oder, und dann kein Kompromiß. Er will die Dinge auf die Spitze treiben, um zur Entscheidung zu kommen. Er weiß, daß er scheitern kann, kennt die ursprüngliche Resignation in bezug auf das Dasein als Dauer und kennt die Seinswirklichkeit im echten Scheitern. Dem bloßen Eigendasein aber, das in der Daseinsordnung zum Teil auf sich verzichtet, um sich im Ganzen zu sichern, ist der Kampf zu riskant. Es übt Gewalt, wo es überlegen ist, und meidet Entscheidung, wo Gefahr ist. Wenn nur das jeweilige Dasein in erträglichen Grenzen möglich bleibt, nimmt es alles in Kauf, ist für das Mittlere gegen alle übersteigerten Forderungen und Möglichkeiten der Extreme. Gegen alles Hochgespannte drängt es zur Anpassung und Angleichung. Friede um jeden Preis wird den Kampf ausschließen. Die Reibungslosigkeit des Betriebes ist das Ideal. Ich verschwinde in der Kooperation, in der die Fiktion einer Ergänzung aller durch alle anderen gilt. Nicht der einzelne hat den Vorrang, sondern das allgemeine Interesse, das, wo es bestimmt ist, doch in der Tat zugleich schon ein besonderes ist und als allgemein leer bleibt. Die Ausschaltung der Konkurrenz durch Kartelle wird durch allgemeine Interessen verbrämt, Eifersucht durch gegenseitig duldende Abwechslung neutralisiert, der Kampf um Wahrheit durch Synthese aller Möglichkeiten zu verwässern gesucht.

Gerechtigkeit ist nicht mehr substantiell, sondern in äußerlichem Abwägen ohne Schärfe, als ob jeder mit jedem auf einer Ebene vergleichbar wäre. Entscheidung wollen, heißt nicht mehr Schicksal ergreifen, sondern in sicherer Machtstellung gewaltsam sein.

Wenn aber dann eine Empörung durchbricht, so bringt sie in der sophistischen Verkehrung des Meinens und Sichhaltens ihrerseits auch keine Entscheidung, sondern nur ein ruinöses Umsichschlagen, das entweder von der Daseinsordnung gebändigt wird, oder zum Chaos führt.

Der Geist als Mittel. — Wovon für die Verabsolutierung der Daseinsordnung alles abhängt, die wirtschaftlichen Kräfte und die Situationen, die handgreiflichen Mächte, auf diese schielt, als wäre es das Eigentliche, auch das geistige Tun. Der Geist glaubt nicht mehr sich selbst, als eigenem Ursprung; er macht sich zum Mittel. So in vollkommener Beweglichkeit zur Sophistik geworden kann er jedem Herrn dienen. Er beschafft die rechtfertigenden Gründe jeden Zustands, der in der Welt wirklich wurde oder von mächtigen Kräften verwirklicht werden soll. Dabei weiß er, daß es nicht ernst ist, und vereinigt dieses heimliche Wissen mit der Pathetik eines vorgetäuschten Überzeugtseins. Da das Bewußtsein der realen Daseinsmächte nicht nur diese Unwahrhaftigkeit fördert, sondern nicht mehr verschleiert bleiben läßt, wovon alles Dasein, wenn auch nicht hervorgebracht wird, doch als Dasein abhängt, so entsteht zwar auch eine neue Redlichkeit des Wissens vom Unausweichlichen. Jedoch wird sogleich wieder die Forderung nüchternen Wirklichkeitssinnes zu dem sophistischen Mittel, alles was nicht handgreiflich ist, und damit den Menschen in seinem eigentlichen Wollen zu ruinieren. Diese Unwahrhaftigkeit in unabsehbarer Mannigfaltigkeit muß aus der Verkehrung der Möglichkeiten des Menschen entstehen, wenn das Dasein als Ordnung der Massenversorgung für Alles gehalten wird.

2. Unmöglichkeit einer beständigen Daseinsordnung.

Wenn das Dasein richtig eingerichtet werden könnte, müßte man die Möglichkeit einer beständigen Daseinsordnung voraussetzen. Es ist aber einzusehen, daß kein stabiler Zustand möglich ist. Das Dasein, stets in sich unvollendet und wie es ist, unerträglich, treibt sich zu immer neuen Gestalten hervor.

Schon der technische Apparat als solcher kann sich niemals in sich schließen. Man kann sich den Aufbrauch unseres Planeten als Standort und Stoff einer Riesenfabrik, betrieben von den Menschenmassen, utopisch ausmalen. Es wird keine reine und unmittelbare Natur mehr da sein; nur das Material der Apparatur spricht noch als das Naturgegebene, ist aber, bezogen auf die menschlichen Zwecke, verwendet und ohne Eigensein; man kommt nur mit schon von Menschen geformtem Stoff in Berührung; es gibt nur noch die Welt als Kunstlandschaft, diese menschliche Apparatur in Raum und Licht, in Tages- und Jahreszeiten, eine einzige Produktion in Verbindung durch unablässig laufende Verkehrsmittel, den Menschen an sie gefesselt, um durch Mitarbeit sein Dasein zu haben. Ein stabiler Zustand wurde erreicht. Die Stoffe und Energien sind restlos ausgenutzt. Geburtenkontrolle reguliert den Nachwuchs. Eugenik und Hygiene sorgen für bestmögliche Menschenartung. Die Krankheiten sind abgeschafft. Versorgung aller durch Dienstpflicht aller ist planvoll geregelt. Es wird nichts mehr entschieden. Alles bleibt, wie es ist, im Kreis sich wiederholender Generationen. Kampflos und schicksallos besteht Daseinsfreude der Menschen in unabänderlicher Zuteilung bei kleiner Arbeitszeit und viel Zeitvertreib.

Jedoch ist ein solcher Zustand unmöglich. Unberechenbare Naturgewalten, in ihrer verheerenden Wirkung gesteigert zu technischen Katastrophen, kommen dazwischen. Es gibt das spezifische Unglück des technischen Versagens. Vielleicht beraubt eine dauernde Seuchenbekämpfung die Menschen aller Immunität, so daß sie einer unvorhergesehenen Seuche wehrlos preisgegeben sind. Die Befriedung in Geburtenkontrolle ist leicht gedacht; der Fortpflanzungswille, stärker bei den einen als bei den anderen, wird den Kampf aufnehmen. Eugenik wird das Erhalten der Schwachen und die in unseren Zuständen vielleicht unaufhaltsame Rassenverschlechterung nicht hindern; denn man hat keinen objektiven Maßstab zur auslesenden Wertbeurteilung, vielmehr steht dieser vermöge der Mannigfaltigkeit ursprünglicher Menschenartung in unversöhnlichem Widerstreit seiner Möglichkeiten.

Kein Dauerzustand ist denkbar, der befriedigend wäre. Die Technik schafft keine vollendbare Welt, sondern in der Welt durch jeden Schritt auch neue Schwierigkeiten und damit neue Aufgaben. Sie schafft nicht nur ein wachsendes Leiden an ihrer Unvollendung, sondern sie muß unvollendet bleiben oder zusammenbrechen. Denn Stillstand ist überall auch ihr Ende: an ihrer jeweiligen Grenze ist der unaufhaltsame Fortschritt zugleich Versagen wie Vorwärtsdringen in noch unbetretene Gebiete, als der Geist des Entdeckens, Erfindens, Planens, und Neuschaffens, ohne den sie nicht bestehen kann.

Daß der Mensch in eine planvolle Daseinsordnung nicht endgültig eingeht, ist im Ganzen daran abzulesen, daß diese Ordnung selbst in Gegensätze zerspalten ist. Durch deren Kampf bewegt sie sich als eine in keiner Gestalt zu vollendende unruhig durch die Zeit. Es steht nicht nur konkret Staat gegen Staat, Partei gegen Partei, Staatswille gegen Wirtschaftsinteresse, Klasse gegen Klasse, die wirtschaftlichen Interessen gegeneinander, sondern die das Dasein hervorbringenden Kräfte selbst sind antinomisch: das egoistische Interesse entzündet die Tätigkeit des einzelnen, schafft dadurch einmal die Daseinsbedingungen, welche auch das allgemeine Interesse sind, und stört sie ein anderes Mal; die geordnete Maschinerie mit ihren endgültig abgegrenzten Funktionen, Pflichten und Rechten der beliebig vertretbaren atomistischen Menschen setzt sich gegen die ihrer bestehenden Ordnung gefährliche Initiative individuellen Wagemuts und Ursprungs, ohne die jedoch das Ganze selbst nicht fortdauern könnte in den immer neuen Situationen der Umwelt.

Organisation ruiniert, was sie sichern möchte, den Menschen als Menschen, wenn sie nicht durch Gegenkräfte in Zaum gehalten würde. Bienenstaaten sind möglich als statische Gebilde beliebiger Wiederholung, Menschendasein nur als geschichtliches Schicksal wie im einzelnen Menschen, so im Ganzen der Menschheit als der unabsehbare Weg technischer Eroberungen, wirtschaftlichen Betriebes, politischer Ordnungen.

Der Mensch hat nur Dasein, wenn er sich durch Vernunft in Verständigung mit anderen um die Ordnung technischer Massenversorgung bemüht. Er muß daher seine Leidenschaft in die Welt setzen, wenn er nicht mit dem Zerfall dieser Welt zugrunde gehen will. Er bringt diese Welt planvoller Ordnung hervor, indem er ihre Grenzen, wo sie sich zeigen, zu überschreiten sucht. Diese Grenzen der Daseinsordnung sind hier seine Gegner, aber in ihnen ist er auch eigentlich als er selbst gegenwärtig, der in die Ordnung nicht eingeht. Würde er des Gegners seiner Daseinsordnung restlos Herr, so verlöre er sich selbst an die Welt, die er sich schuf. Die geistige Situation des Menschen ist erst, wo er sich in den Grenzsituationen weiß. Dort ist er als er selbst im Dasein, wenn es, statt sich zu runden, ihm immer wieder in Antinomien auseinanderbricht.

3. Universaler Daseinsapparat und menschliche Daseinswelt.

Die Grenze der Daseinsordnung ist heute durch einen spezifisch modernen Widerstreit gegeben: Die Massenordnung baut einen universalen Daseinsapparat auf, der die spezifisch menschliche Daseinswelt zerstört.

Der Mensch lebt als er selbst in seiner Umwelt durch erinnernde und vorausblickende Verbundenheit. Er lebt nicht als

Vereinzelter, sondern als Familie im Hause, als Freund in der Kommunikation vom Einzelnen zum Einzelnen, als Volksgenosse einem geschichtlichen Ganzen angehörend. Er wird zu sich selbst vermöge einer Überlieferung, durch die er in den dunklen Grund seiner Herkunft blickt und in Verantwortung für seine und der Seinigen Zukunft lebt; nach beiden Richtungen auf lange Sicht in die Substanz seiner Geschichtlichkeit eingesenkt, ist er erst eigentlich gegenwärtig in der Welt, die er aus dem Erbe, das ihm überkommen ist, hervorbringt. Sein tägliches Dasein ist umfangen von dem Geist eines sinnlich gegenwärtigen Ganzen, einer Welt im kleinen, und mag sie noch so dürftig sein. Sein Eigentum ist der unantastbare, enge Raum, von dem aus er Teil hat an dem Gesamtraum der menschlichen Geschichtlichkeit.

Die technische Daseinsordnung zur Massenversorgung hat zunächst diese wirklichen Welten des Menschen noch erhalten, indem sie sie mit Waren belieferte. Wenn aber schließlich nichts mehr in der wirklich mich umgebenden Welt von mir hervorgebracht, geformt, überliefert würde, sondern alles als nur augenblickliche Bedürfnisbefriedigung hinzunehmen wäre, nur verbraucht und ausgewechselt würde, das Wohnen selber sich maschinell gestaltete, kein Geist der eigenen Umwelt mehr bliebe, die Arbeit nur als Leistung für den Tag gälte und sich nichts aufbaute zu einem Leben, würde der Mensch gleichsam weltlos. Losgelöst von seinem Grunde, ohne bewußte Geschichte, ohne Kontinuität seines Daseins kann der Mensch nicht Mensch bleiben. Die universale Daseinsordnung höbe das Dasein des wirklichen Menschen, der er selbst in seiner Welt ist, zu einer bloßen Funktion auf.

Jedoch geht der Mensch als einzelner nie ganz in eine Daseinsordnung ein, welche ihm ein Sein nur als Funktion für den Bestand des Ganzen ließe. Zwar kann er im Apparat durch tausend Beziehungen, in denen er abhängig ist und mitwirkt, leben; da er aber dort in seiner Vertretbarkeit ebenso gleich=

gültig ist, als ob er nichts wäre, revoltiert er, wenn er in keinem Sinne mehr er selbst sein kann.

Wenn er aber sein Sein will, steht er sogleich in einer Spannung zwischen seinem Eigendasein und seinem eigentlichen Selbstsein. Sein bloßer Eigenwille sträubt sich und sucht aus Geltungsbedürfnis und blindem Begehren nach den Vorteilen seines Einzeldaseins in Kampf und Betrug. Erst als Möglichkeit des Selbstseins sucht er aus seinem Schicksalswillen das über alle Berechnung hinausgehende Wagnis, um zum Sein zu kommen. Aus beiden Antrieben bringt er die Ordnung des Daseins als ruhenden Bestand in Gefahr. Der Bruch der Daseinsordnung hat daher in einer doppelten Möglichkeit seine bleibende Antinomie. Indem der Eigenwille den Raum schafft, in welchem das Selbstsein sich als Existenz verwirklichen kann, ist er gleichsam ihr Leib, der für sich ihr Ruin, unter Bedingungen gestellt ihre Wirklichkeit ist.

Suchen also Eigenwille und Existenz ihre Welt, so geraten sie in Widerstreit zu der universalen Daseinsordnung. Diese wiederum sucht der Mächte Herr zu werden, die hier an ihren Grenzen sie bedrohen. Sie kümmert sich daher in außerordentlichem Umfang um das, was nicht selbst der Daseinsfürsorge dient. Dieses, zweideutig als vitales Eigendasein und als existentielle Unbedingtheit, heißt von ihrer ratio aus gesehen das Irrationale. Mit diesem negativen Begriff wird es zwar zum Sein zweiten Ranges herabgesetzt. Aber zugleich wird es entweder zugelassen in eingehegten Gebieten; im Kontrastbedürfnis der ratio gewinnt es ein positives Interesse, z. B. in der Erotik, im Abenteuer, im Sport, im Spiel. Oder es wird als unerwünscht bekämpft, z. B. die Lebensangst, die Arbeitsunlust. Und nach beiden Richtungen wird es auf das entschieden nur vitale Feld abgelenkt, um dem in ihm schlummernden Anspruch der Existenz sich zu versagen. Das dem Eigendasein Erwünschte sucht man als unverbindliche

Befriedigung zu fördern und seiner möglichen Unbedingtheit zu berauben, indem man das Irrationale rationalisiert, um es sich herzustellen nach Bedarf als eine Weise der Bedürfnisbefriedigung; man will machen, was, wenn es nicht echt ist, grade nie zu machen ist. So wird aber, was ursprünglich als das Andere gefühlt und gefordert war, in scheinbarer Fürsorge vernichtet; was deren Technisierung verfallen ist, bekommt die eigentümlich graue Farbe oder eine grelle Buntheit, in welcher der Mensch sich nicht mehr erkennt; das Sein im Menschen als Schicksal des einzelnen wurde geraubt. Aber als unbeherrschbar wird es sich gegen die Ordnungen wenden, die es zerstören wollen.

Diese Spannung zwischen universalem Daseinsapparat und menschlich wirklicher Welt ist unaufhebbar. Eins hat seine Wirklichkeit nur durch das andere; würde die eine Seite endgültig siegen, wäre sie sogleich auch selbst vernichtet. Der Anspruch von Eigenwille und Existenz ist so wenig aufzuheben, wie nach der Verwirklichung des Massendaseins die Notwendigkeit der universalen Apparatur als Bedingung des Daseins jedes einzelnen.

Daher werden Grenzen der Daseinsordnung sich zeigen, wo der Mensch als er selbst sich fühlbar macht. Planende Bemeisterung und revoltierender Ursprung werden sich abwechselnd zusammenfinden, sich über sich täuschen, in fruchtbarer Spannung stehen, zum Kampf gegeneinander schreiten. Diese vielfache Möglichkeit wird überall zweideutig durch die Spannung von Eigendasein in seinem vitalen Begehren und Existenz in ihrer Unbedingtheit.

Eine Erörterung dieser geistigen Situation wird Orte treffen, wo der Mensch als einzelner sich zum Dasein bringt, um sich ringt, sich selber fühlt. Symbol für die Welt, in der er als seiner geschichtlichen Umwelt, solange er Mensch bleibt, in irgendeiner Gestalt leben muß, ist das Leben des Hauses. Die Weise, wie er sich bedroht sieht, zeigt sich in der Lebensangst; wie er sich täglich, seine Leistung hervorbringend, selbst fühlen kann, in der Arbeitsfreude; wie er seine vitale Daseinswirklichkeit ergreift, im Sport. Daß er aber versinken könnte, wird in der Möglichkeit des Ausbleibens von Führern sichtbar.

Das Leben des Hauses. — Das Haus, als die Gemeinschaft der Familie, erwächst aus der Liebe, durch die der Einzelne in unbedingter Treue lebenslänglich an den Anderen sich bindet; sie will die Kinder als die eigenen in der Substanz der Überlieferung erziehen, und die unablässige Kommunikation ermöglichen, welche erst in der Schwierigkeit des Alltags zur eigentlich rückhaltlosen Verwirklichung in der Offenheit kommen kann.

Hier ist die gewisseste, alle andere fundierende Menschlichkeit anzutreffen. In der Masse ist heute ungekannt diese ursprüngliche Menschlichkeit überall zerstreut, ganz auf sich angewiesen, gebunden je an ihre kleine Welt und deren Schicksal. Darum ist heute die Ehe wesentlicher und mehr als früher; als die Substanz des öffentlichen Geistes höher stand und Halt bedeutete, war die Ehe weniger. Heute ist der Mensch wie auf den engsten Raum seines Ursprungs zurückgefallen, um hier zu entscheiden, ob er Mensch bleiben will.

Ist die Familie, so braucht sie ihr Haus, ihre Lebensordnung, die Solidarität und die Pietät, eine Verläßlichkeit aller, die sich gegenseitig im Ganzen der Familie ein Halt sind.

Diese ursprüngliche Welt wird auch heute noch mit unüberwindlicher Macht festgehalten; aber die Tendenzen, sie aufzulösen, wachsen mit der Verabsolutierung einer universalen Daseinsordnung.

Um vom Äußerlichen anzufangen: der Weg, die Menschen zu kasernieren, die Wohnstätte zur Schlafstelle zu machen, die Einrichtungen nicht nur des Praktischen, sondern ganz und gar zu technisieren, verwandelt die beseelte Umwelt in eine auswechselbare Gleichgültigkeit. Mächte, die sich als das Interesse eines größeren Ganzen geben, suchen der Eigensucht des Einzelnen gegen die Familie Raum zu schaffen, deren Solidarität zu lockern, Kinder gegen ihr Elternhaus aufzurufen. Statt die öffentliche Erziehung als Erweiterung der häuslichen aufzufassen, wird sie zur wesentlichen und das Endziel ist sichtbar, die Kinder den Eltern fortzunehmen, um sie zu Kindern allein des Ganzen zu machen. Statt das Schaudern vor Ehetrennung und polygamer Erotik und das Grauen vor Abtreibung, Homosexualität, Selbstmord als vor Grenzüberschreitungen des sein geschichtliches Dasein jeweils in der Familie hervorbringenden Menschen im Ursprung zu bewahren, wird dieses alles vielmehr innerlich erleichtert, gegebenenfalls mit pharisäischer Moral wie von jeher verurteilt oder in der an das Daseinsganze der Massen geknüpften Haltung unbeteiligt hingenommen; oder es werden ratlos, in gewaltsamem Rückschlag, Abtreibung und Homosexualität nur noch staatspolitisch im Strafrecht getroffen, wohin sie nicht eigentlich gehören.

Diese Auflösungstendenzen bedrohen die Familie um so mehr, weil sie aus dem Sein der Einzelnen auf den Inseln erwachsen muß, welche der Auflösung durch den Strom der universalen Daseinsordnung noch standhalten. Daher ist in der Ehe gegenwärtig eine erschütternde Problematik des Menschseins. Wieviele Menschen der Aufgabe ursprünglich nicht gewachsen sind, darum mit dem Verlust des Haltes am öffentlichen und autoritativen Geiste auf der Insel, deren Besitz an ihr Selbstsein gebunden ist, erst recht ins Bodenlose stürzen und ein Durcheinander von Wildheit und Fassungslosigkeit hervorbringen, das ist nicht abzusehen. Hinzukommt die Erschwerung der Ehe durch die Emanzipation der wirtschaftlich selbständigen Frau, das enorme Angebot der Unverheirateten zur Befriedigung im Massensexus. Ehe ist vielfach nur der Kontrakt, auf dessen Bruch die Unterhaltspflicht wie eine Konventionalstrafe steht. Die wachsende Hemmungslosigkeit drängt auf Scheidungserleichterung. Daß Ehebücher heute zahllos sind, ist ein Zeichen dieses Versagens.

Der Gedanke universaler Daseinsfürsorge will angesichts dieser Not in Ordnung bringen, was doch nur im einzelnen Menschen durch seine Freiheit aus dem ursprünglichen Gehalte seines durch Erziehung erweckten Seins möglich ist. Weil die Erotik zur Störung aller Bande wurde, bemächtigt sich die rationale Daseinsordnung auch dieser gefährlichen Irrationalität. Hygiene und allerhand Vorschriften für Geschicklichkeit technisieren auch sie, um sie so lustvoll und konfliktlos wie möglich zu machen. Die Sexualisierung der Ehe etwa nach der Art van de Veldes ist als das Symptom einer Zeit anzusehen, die das ihr Irrationale verharmlosen will. Es scheint nicht zufällig, daß nach den Prospekten des Buches sogar katholische Moraltheologen es empfehlen. Jede Gesinnung der in der Ehe sich verwirklichenden Unbedingtheit wird unwillkürlich in der Wurzel negiert sowohl durch die religiöse Herabsetzung der Ehe zu einem Dasein zweiten Ranges, das nur vermöge einer priesterlichen Legitimierung nicht Unzucht ist, wie durch die Technisierung der Erotik als einer gefahrvollen Irrationalität. Beide sind in ungewußtem Bunde gegen die Liebe als Ehe begründende Eigenmacht, die einer Legitimierung nicht bedarf, weil sie aus existentiellem Ursprung die Unbedingtheit lebensentscheidender Treue hat, die ein erotisches Glück vielleicht nur für Augenblicke gedeihen läßt. Liebe, die nur aus der Freiheit der Existenz ihrer gewiß ist, hat die Erotik in sich aufgehoben, ohne sie herabzusetzen und ohne ihre begehrlichen Forderungen anzuerkennen. Sie würde durch das Ideal harmonischer Technisierung für den, der diese klugen Mittel und Maßstäbe für sich gültig werden läßt, zerstört. Aber sie läßt sich in ihrer Unbedingtheit auch keiner universalen Ordnung unterwerfen, die sie zugunsten eines vermeintlich wesentlichen Ganzen brechen wollte.

Habe ich die Bindungen in Familie und Selbstsein preisgegeben, statt aus ihrer Wurzel in ein jeweils Ganzes hineinzuwachsen, kann ich nur in dem erwarteten, aber immer ausbleibenden Geist eines Massenganzen leben. Im Blick auf die universale Daseinsordnung will ich alles durch sie erreichen, meine eigene Welt und den Anspruch aus ihr verratend. Das Haus löst sich auf, wenn ich mir selbst nichts mehr zutraue, nur als Klasse und Interessengemeinschaft und als Funktion im Betrieb lebe, und nur dahin dränge, wo ich die Macht glaube. Was allein durch das Ganze zu erreichen ist, hebt nicht den Anspruch auf, das, was ich am Ursprung aus mir selbst kann, auch wirklich auf mich zu nehmen.

Die Grenze der universalen Daseinsordnung ist daher in der Freiheit des Einzelnen, der, was ihm niemand abnehmen kann, aus sich hervorbringen muß, wenn Menschen bleiben sollen.

Lebensangst. — In der Rationalisierung und Universalisierung der Daseinsordnung ist gleichzeitig mit ihrem phantastischen Erfolg das Bewußtsein des Ruins gewachsen bis zur Angst vor dem Ende dessen, worum zu leben es sich lohnt.

Aber schon vor dieser furchtbaren möglichen Zukunftsaussicht befällt die Angst den Einzelnen als solchen, weil er losgelöst von seinem Ursprung nicht einfach Funktion sein kann. Eine vielleicht so noch nie gewesene Lebensangst ist der unheimliche Begleiter des modernen Menschen. Er hat Angst um sein vitales Eigendasein, das, stets bedroht, stärker als jemals in das Zentrum der Aufmerksamkeit getreten ist; und er hat die ganz andere Angst um sein Selbstsein, zu dem er sich nicht aufschwingt.

Die Angst wirft sich auf alles. Die Unsicherheiten werden von ihr betont, wenn es nicht gelingt, sie zu vergessen. Vor Sorge kann das Dasein nur ungewiß schützen. Die Grausamkeiten, die früher stillschweigend geschahen, sind heute verringert, aber werden gewußt und erscheinen furchtbarer als je. Jeder muß, um als Dasein zu bestehen, seine Arbeitskraft bis zur Höchstleistung anspannen; Unruhe und Zwang, noch intensiver zu arbeiten, sind gefordert; man weiß, wer nicht mitkommt, bleibt liegen; wer älter ist als 40 Jahre, sieht sich ausgestoßen. Zwar gibt es soziale Versorgung, Versicherungen, Ersparnismöglichkeiten; aber am Maßstab des heute für ein Existenzminimum Geltenden ist, was öffentliche und private Vorsorge schafft, immer weniger als das beanspruchte Minimum, auch wenn der Mensch nicht verhungert.

Die Lebensangst wirft sich auf den Körper. Trotz erweiterter Chancen in bezug auf Lebensdauer herrscht ein immer nur zunehmendes Gefühl auch der vitalen Unsicherheit. Ärztliche Behandlung wird weit über das medizinisch-wissenschaftlich Sinnvolle hinaus beansprucht. Ist das Dasein seelisch nicht mehr aufnehmbar, unerträglich in der Unmöglichkeit, auch nur seine Bedeutungen zu fassen, so flieht der Mensch in seine Krankheit, die ihn wie ein Übersehbares schützend umfängt.

Angst steigert sich zu dem Bewußtsein, wie ein verlorener Punkt im leeren Raum zu versinken, da alle menschlichen Beziehungen nur auf Zeit zu gelten scheinen. Auf kurze Zeit läuft eine Menschen zur Gemeinschaft bindende Arbeit. In den erotischen Beziehungen wird die Frage nach dem Verpflichtenden gar nicht erst gestellt. Auf niemanden ist Verlaß, ich selbst binde mich nicht absolut an einen anderen. Wer nicht teilnimmt an dem, was alle tun, ist allein gelassen. Die Drohung des Preisgegebenseins erzeugt das Bewußtsein eigentlicher Verlassenheit, das den Menschen aus seiner leichtsinnigen Augenblicklichkeit zu zynischer Härte und dann in die Angst treibt. Dasein überhaupt scheint nichts als Angst zu sein.

In der Daseinsordnung werden die Veranstaltungen getroffen, um vergessen zu machen und zu beruhigen. Organisationen schaffen ein Bewußtsein von Zugehörigkeit. Der Apparat verspricht Sicherheiten. Ärzte reden dem Kranken oder Sichkrankglaubenden den Tod aus. Jedoch es hilft nur für Zeiten, in denen es dem einzelnen gut geht. Daseinsordnung kann die Angst nicht bannen, die jedes einzelne Dasein um seinen Bestand hat. Diese Angst wird nur gebändigt durch die Angst der Existenz um ihr Selbstsein, die sie zu religiösem oder philosophischem Aufschwung bringt. Die vitale Angst muß wachsen, wenn Existenz gelähmt wird. Eine restlose Herrschaft der Daseinsordnung würde den Menschen als Existenz vernichtet haben, ohne ihn als vitales Dasein jemals beruhigen zu können. Die verabsolutierte Daseinsordnung bringt vielmehr die unbeherrschbare Lebensangst erst hervor.

Das Problem der Arbeitsfreude. — Das Minimum des Eigenseins ist in der Arbeitsfreude, ohne die der einzelne schließlich erlahmt. Daher ist ihre Erhaltung ein Grundproblem der technischen Welt. Es wird für den Augenblick in seiner Dringlichkeit einigermaßen begriffen, aber zugleich beschwichtigt. Auf die Dauer und für alle ist es im Prinzip unlösbar.

Überall, wo der Mensch nur Arbeitnehmer mit zugeteilter Arbeit ist, die er zu erledigen hat, ist das Problem der Trennung von Menschsein und Arbeitersein für jeden das über ihn selbst Entscheidende. Das Eigenleben bekommt ein neues Gewicht, die Arbeitsfreude wird eine relative. Der Apparat zwingt immer mehr Menschen in diese Daseinsform.

Aber für das Dasein aller bleiben Berufe nötig, in denen es unmöglich ist, die Arbeit durch Arbeitsauftrag in ihrem Wesen zu sichern und die faktische Leistung objektiv zureichend zu messen. Beim Arzt, Lehrer, Pfarrer u. a. ist, was der einzelne Arbeiter tut, im Kern des Tuns nicht zu rationalisieren, weil es auf existentielles Dasein ankommt. In diesen Berufen, durch welche der menschlichen Individualität gedient wird, ist nun durch die technische Welt bei Steigerung spezialistischen Könnens und des Quantums der Tätigkeit ein gleichzeitiger Niedergang der praktischen Ausübung das erste Resultat. Die Massenordnung verlangt zwar unausweichlich eine Rationalisierung in der Verfügung über die materiellen Mittel. Wie weit aber diese geht und dann sich selbst begrenzt, um den Raum frei zu lassen, wo der einzelne ohne Auftrag aus eigenem das Wesentliche zu tun hat, wird diesen Berufen zur Schicksalsfrage. Die Arbeitsfreude erwächst hier aus dem Einklang des Menschseins selbst mit einer Tätigkeit, in der es sich ganz einsetzt, weil es sich um ein Ganzes handelt. Diese Arbeitsfreude wird ruiniert, wenn das Ganze durch universale Ordnung aufgeteilt ist in Teilleistungen, die zu vollbringen restlos vertretbare Funktion wird. Das Ganze einer Idee ist zerfallen. Was den Einsatz des eigenen Wesens in der Kontinuität aufbauender Leistung forderte, wird nur noch erledigt durch Abarbeiten. Heute ist der Widerstand des Menschen, der um die Möglichkeit echter Erfüllung seines Berufes kämpft, noch zerstreut und kraftlos; es scheint wie ein unaufhaltsames Versinken.

Ein Beispiel ist die Verwandlung der ärztlichen Praxis. Man sorgt im medizinischen Beruf rationell für Massenabfertigung der Kranken, für technische Behandlung in Instituten, löst den Kranken auf in Teile zur Überweisung an die Behandlungsarten, zu denen er hin und her geschickt wird. Aber grade damit nimmt man dem Kranken den Arzt. Man macht die Voraussetzung, wie alles lasse sich auch ärztliche Behandlung durch ein Machen meistern. Man möchte den Ambulatoriumsarzt zu Liebenswürdigkeit drillen, das persönliche Vertrauen zum Arzte durch ein Institutsvertrauen ersetzen. Aber Arzt und Kranker lassen sich nicht auf das laufende Band der Organisation spannen. Zwar der Rettungsdienst bei Unfällen funktioniert, aber die lebenszentrale Hilfe des Arztes für den kranken Menschen in der Kontinuität seines Daseins wird unmöglich. Ein Riesenbetrieb ärztlichen Tuns wird zunehmend sichtbar in Anstalten, Bureaukratien, materiellen Leistungen. Die Neigung zu immer neuer Behandlung irgendwelcher Art bei der Mehrzahl der Patienten trifft sich mit dem Organisationswillen technisch gesinnter Massenmenschen, welche mit unwahrer, meist politisch unterbauter Pathetik allen das Heil der Gesundheit zu bringen behaupten. An die Stelle der Sorge für das Individuum tritt der Betrieb technischer Behandlungsspezialitäten. Der in Erziehung und Lehre wirklich gebildete Arzt, welcher persönliche Verantwortung nicht nur sagt, sondern wirklich erfährt, darum nur einer begrenzten Anzahl von

Menschen nahe treten und in geschichtlicher Verbundenheit wirklich helfen kann, scheint aussterben zu müssen, wenn dieser Weg zuende gegangen wird. An die Stelle des menschlich erfüllten Berufs tritt die Arbeitsfreude technischen Leistens in Trennung von Selbstsein und Arbeitersein, die, für viele Tätigkeiten unausweichlich, hier die Leistung selber ruiniert. — Aber notwendig zeigt sich die Grenze dieser Daseinsordnung ärztlichen Tuns. Die öffentliche Organisation der Leistungen krankt an ihrem Mißbrauchtwerden. Das maximale Ausnutzen der möglichen öffentlich gewährten Vorteile verführt Patienten wie Ärzte; es erwacht eine Tendenz, krank zu werden, um Nutznießer zu sein; möglichst viele Patienten möglichst schnell zu behandeln und ihren Ansprüchen genüge zu tun, um durch Summation der geringen Kassenhonorare diese doch ergiebig zu machen. Des Mißbrauchs will man dann mit Gesetzen und Kontrollen Herr werden, die doch nur die Möglichkeit eigentlich ärztlicher Tätigkeit weiter zerstören. Vor allem aber wird der wirklich Kranke sich immer weniger verlassen können auf Gründlichkeit, Vernunft und Klarheit in seiner Behandlung durch einen einzigen ihm als einer Ganzheit zugewandten wirklichen Arzt. Der Mensch als Kranker kommt nicht mehr zu seinem Recht, wenn es die rechten Ärzte nicht mehr gibt, weil der Apparat, der sie zur Versorgung der Massen verwenden wollte, sie dadurch selbst unmöglich gemacht hat.

Beispiele anderer Berufe würden die überall analoge Bedrohung ihres Kerns zeigen. Das Prinzip dieser Zerstörung der berufsmäßigen Arbeitsfreude liegt in den Grenzen der Daseinsordnung, die hier nicht machen, wohl aber ruinieren kann, was sie selber braucht. Daher erwächst die tiefe Unbefriedigung des seiner Möglichkeiten beraubten Einzelnen, des Arztes und des Kranken, des Lehrers und des Schülers usw.; trotz intensiver, die Kräfte fast übersteigender Arbeit bleibt das Bewußtsein einer wirklichen Erfüllung aus. Immer rastloser wird nur als persönlich Bestehendes in Betrieb verwandelt, um ein verschwommenes Ziel mit kollektivistischen Mitteln zu erreichen, in einer Haltung, als könne man die Masse gleichsam als übergeordnete Person befriedigen. Die Ideen der Berufe sterben ab. Man behält partikulare Zwecke, Plan und Organisation. Was man verwüstet hat, ist am unbegreiflichsten, wenn die Einrichtungen als solche technisch tadellos in Ordnung scheinen und der Mensch doch nicht die Luft hat, als er selbst zu atmen.

Sport. — Das Eigendasein als Vitalität schafft sich Raum im Sport, als einem Rest von Befriedigung unmittelbaren Daseins, in Disziplin, Geschmeidigkeit, Geschicklichkeit. Durch die vom Willen beherrschte Körperlichkeit vergewissert sich Kraft und Mut; der naturoffene Einzelne erobert sich die Nähe zur Welt in ihren Elementen.

Jedoch der Sport als Massenerscheinung, organisiert zur Zwangsläufigkeit eines geregelten Spiels, lenkt Triebe ab, welche sonst dem Apparat gefährlich würden. Die Freizeit ausfüllend, schafft er eine Beruhigung der Massen. Der Wille zur Vitalität als Bewegung in Luft und Sonne wünscht diesen Daseinsgenuß in Gesellschaft; er hat kein Verhältnis zur Natur und hebt die fruchtbare Einsamkeit auf. Kampflust sucht die höchste Geschicklichkeit, um in der Konkurrenz Überlegenheit zu fühlen; ihr wird alles Rekord. Sie sucht mit der Gemeinschaft die Öffentlichkeit, bedarf des Urteils und Beifalls. In den Spielregeln findet sie eine Form, die dazu erzieht, auch im wirklichen Kampf Spielregeln einzuhalten, welche den Gang des gesellschaftlichen Daseins erleichtern.

Was der Masse versagt bleibt, was sie darum nicht für sich selbst möchte, aber als den Heroismus bewundert, den sie von sich eigentlich fordert, das bringen die waghalsigsten Leistungen Einzelner zur Anschauung. Sie schlagen als Bergsteiger, Schwimmer, Flieger und Boxer ihr Leben in die Schanze. Sie sind die Opfer, in deren Anblick die Masse begeistert, erschreckt und befriedigt ist, und die zu der geheimen Hoffnung

Anlaß geben, auch selbst vielleicht zum außerordentlichen zu kommen.

Es mag aber auch mitschwingen, was die Masse schon im antiken Rom bei den Schaukämpfen suchte: der Genuß an Gefahr und Vernichtung des dem Einzelnen persönlich fernen Menschen. Wie in der Ekstase für gefährliche Sportleistungen entlädt sich die Wildheit der Menge in der Lektüre von Kriminalromanen, dem fieberhaften Interesse an der Gerichtsberichterstattung, an der Neigung zum Verrückten, Primitiven, Undurchsichtigen. In der Helligkeit des rationalen Daseins, wo alles bekannt oder gewiß kennbar ist, wo das Schicksal aufhört, und nur der Zufall bleibt, wo das Ganze trotz aller Tätigkeit grenzenlos langweilig und absolut geheimnislos wird, da geht der Drang des Menschen, wenn er selbst kein Schicksal mehr zu haben glaubt, das ihn dem Dunkel verbindet, wenigstens auf den lockenden Anblick exzentrischer Möglichkeiten. Der Apparat sorgt für seine Befriedigung.

Was durch solche Masseninstinkte aus dem Sporte wird, macht jedoch die Erscheinung des modernen Menschen im Sport keineswegs begreiflich. Über den Sportbetrieb und seine Organisation hinaus, in welcher der in die Arbeitsmechanismen gezwungene Mensch nur ein Äquivalent unmittelbaren Eigendaseins sucht, ist in dieser Bewegung doch eine Großartigkeit fühlbar. Sport ist nicht nur Spiel und Rekord, sondern wie Aufschwung und Aufraffen. Er ist heute wie eine Forderung an jeden. Noch das durch Raffinement übertünchte Dasein vertraut sich in ihm der Natürlichkeit des Impulses. Man vergleicht wohl den Sport des heutigen Menschen mit dem der Antike. Damals war er wie eine indirekte Mitteilung des außerordentlichen Menschen in seiner göttlichen Herkunft; davon ist nicht mehr die Rede. Auch die heutigen Menschen zwar wollen wiederum irgendwie sich darstellen, und Sport wird Weltanschauung; man wehrt sich gegen Verkrampfung und möchte etwas, dessen transzendent bezogene Substanz jedoch fehlt.

Dennoch ist als ein Ungewolltes, wenn auch ohne gemeinschaftlichen Gehalt, jener Aufschwung da wie zum Trotz der steinernen Gegenwart. Der Menschenleib schafft sich sein Recht in einer Zeit, wo der Apparat erbarmungslos Mensch auf Mensch vernichtet. Um den Sport schwebt etwas, das, unvergleichlich in seiner Geschichtlichkeit, der Antike als ein anderes wahlverwandt scheint. Der heutige Mensch ist dann zwar nicht Grieche, aber auch nicht Sportfanatiker; er scheint der im Dasein gestraffte Mensch, der in Gefahr ist wie in einem beständigen Krieg und der, von dem fast Untragbaren nicht erdrückt, für sich steht, aufrecht den Speer wirft.

Aber wie auch der Sport als Grenze rationaler Daseinsordnung erscheint, mit ihm allein gewinnt der Mensch sich nicht. Er kann mit der Ertüchtigung des Körpers, dem Aufschwung in vitalem Mut und beherrschter Form nicht schon die Gefahr überwinden, sich selbst zu verlieren.

Führertum. — Würde die Entwicklung in der Richtung universaler Daseinsordnung die Welt des Menschen als einzelnen aufsaugen, so würde schließlich der Mensch selbst erlöschen. Dann müßte am Ende auch der Apparat zerfallen, weil dieser die Menschen vernichtet hätte, ohne die er nicht fortbestehen kann. Denn Organisation kann zwar jedem seine Funktion und die Quantität des zu Leistenden und zu Konsumierenden zuweisen, aber nicht den Menschen hervorbringen, der führt. Der Mensch bringt nur äußerste Kraftleistungen sinnlos zustande, wo nichts Wesentliches mehr an ihm selbst liegt und die Anspannung zur Besinnung auf das Rechte in einem stets einmaligen, gegenwärtigen Ganzen mangelt. In den Apparat unter fremden Willen eingespannt, arbeitet er nur ab, was herangebracht wird; wo er etwas zu entscheiden hat, tut er es zufällig in dem Spielraum seiner Funktion, ohne den Dingen auf den Grund zu gehen. Schwierigkeiten werden erleichtert durch den Gewaltakt von Anordnungen oder in der Resignation des gedankenlosen Gehorsams. Aber nur im echten, den Fordernden haftbar machenden Befehl, und im echten, weil die Sache verstehenden Gehorsam, d. h. unter Menschen, die sie selbst sind, gelingt eine sachnahe, weltschaffende Gemeinschaft des Handelns, wenn der Führende die wenigen kennt, deren eigenständigem Urteil er offen ist, um mit ihnen sich der Instanz zu beugen, die unsichtbar in seiner Seele spricht. Wo dagegen der Apparat alles sein soll und die sichtbare Gefahr verschwindet, die das Gelingen oder Mißlingen zu einem Urteil über den Handelnden werden läßt, hat der Mensch keine eigentliche Initiative mehr. Wohl verlangt der Apparat Arbeit, die nur von der initiativlosen Art ist; aber er kann nur gedeihen, solange an entscheidenden Stellen Menschen führen, die sich einsetzen, indem sie als sie selbst sich einsenken in ihre Welt. Bleiben künftig diese Menschen aus, weil ihnen von Jugend auf kein Raum mehr für ihre Entwicklung gegeben wird, so wird auch der Apparat versagen. Was an der Grenze des Apparats durch Eigenständigkeit selbstseiender Menschen dessen Bedrohung war, erweist sich vielmehr als Bedingung seines Bestandes in der unausweichlichen Verwandlung.

Die Bedeutung des Einzelnen als Führer hört also unter der Herrschaft der Masse im Apparat nicht auf; aber wer Führer sein kann, steht jetzt unter einer besonderen Auslese. Die großen Männer treten zurück hinter den tüchtigen Menschen. Der Leistungsapparat, der das Massendasein ermöglicht, wird an jeder Stelle von Menschen bedient und gelenkt, deren Bewußtsein von diesem Tun ein Faktor dessen ist, wie es gelingt. Die herrschende Macht der Masse bleibt wirksam in den Strukturen, die sie annimmt durch Organisationen, Majoritäten, Publikum, öffentliche Meinung, und in dem faktischen Sichverhalten großer Mengen von Menschen. Aber diese Herrschaft ist nur wirksam in der Weise, wie jeweils der Einzelne der Masse verständlich macht, was sie will, und vertretend für sie handelt. Wenn auch in diesem Apparat kaum noch ein Führer ersteht, der als Persönlichkeit mit seiner Sache zum Dasein einer Welt verschmilzt, weil er durch Jahrzehnte in kontinuierlicher Wirkung seinen Platz behauptet, so ist doch jeweils der Führer nötig, der oft wie zufällig grade als dieses Individuum an diesen Platz tritt. Durch den Zwang der Verhältnisse bekommt er eine vorübergehende Unentbehrlichkeit. Jede Machtwirkung ist jedoch nur durch die Menge zu vollziehen, die zustimmen muß, wenn auch in augenblicklichen Situationen grade ein Einzelner außerordentliches zu entscheiden hat. Da er aber in diese Situation nur kommen konnte, wenn er in stetem Hinhorchen auf die Menge gleichsam erzogen ist zu ihrem Funktionär, so wird er diesem seinem gewordenen Wesen entsprechend auch nie gegen sie handeln. Er ist sich bewußt, daß er nicht etwas als er selbst ist, sondern als Exponent der Menge, welche hinter ihm steht. Er ist im Grunde so ohnmächtig wie jeder Einzelne, Vollstrecker dessen, was Widerhall im Durchschnittlichen des Massenwillens finden muß. Verläßt ihn dieser, so ist er nichts. Was er sein kann, wird nicht gemessen an einer Idee, nicht bezogen auf eine wahrhaft gegenwärtige Tranzendenz, sondern gefunden im Blick auf die Grundeigenschaften des Menschen, wie sie zur Erscheinung in seiner Mehrzahl kommen und als eigentliche Wirklichkeit im Handelnden selbst herrschen. Aber mit solchem Führertum schlittert der Gang der Dinge in unheilbare Verwirrung. An den Wendepunkten der Daseinsordnung, wo die Frage ist, ob Neuschöpfung oder Untergang, ist der Mensch entscheidend, der aus eigenem Ursprung das Steuer ergreifen kann auch gegen die Masse. Würde die Möglichkeit solcher Menschen vernichtet, so wäre ein Ende, das nicht mehr vorstellbar ist.

Herrschaft wird in der Massenorganisation von gespenstischer Unsichtbarkeit. Man möchte Herrschaft überhaupt abschaffen. Man ist blind für die Tatsache, daß ohne Herrschaft auch kein Dasein der Menschenmassen ist. So sieht man Zersplitterung, Fassaden, Regie, sieht das Verhandeln, das Hinschleppen, die Kompromisse, die Zufallsentscheidungen und das übertölpeln. Überall gibt es jeweils eigentümliche Weisen der Korruption durch Privatinteressen. Das stillschweigende Wissen aller Beteiligten läßt sie bestehen. Bei der Publizität eines Falls wird Lärm gemacht, der bald wieder aufhört in dem dunklen Bewußtsein, nur ein Symptom getroffen zu haben.

Keiner übernimmt wahrhaft Verantwortung; man hat die Haltung, nicht allein entscheiden zu können. Instanzen, Kontrollen, Kommissionsbeschlüsse — einer schiebt es auf den anderen. Im Hintergrund steht zuletzt die Autorität des Volkes als Masse, welche durch Wahlen zu entscheiden scheint. Aber es ist weder die Herrschaft der Masse als eines Wesens, noch werden die Einzelnen freigelassen zu verantwortlichem Tun, sondern es ist die Autorität einer Methode als der Ordnungsregelung, welche die Weihe eines vermeintlichen Interesses des Ganzen trägt, und auf die man in irgendeiner ihrer endlos anderen Gestalten am Ende die Verantwortung legt. Jeder ist ein Rädchen, nur mitentscheidend, nicht eigentlich entscheidend. Man ist realpolitisch nur in dem Sinne: erst die Dinge sich entwickeln zu lassen und dann das Tun zu beschränken auf die Sanktion der blind sich entwickelnden Wirklichkeit. Ein Einzelner hat einmal außerordentliche Macht, aber, darauf nicht durch das Leben in einem Ganzen vorbereitet, vermag er sie in der Zufallslage nur für besondere Interessen oder doktrinär nach Theorien zu nutzen. Wer sichtbar wird für die Öffentlichkeit ist Gegenstand der Sensation. Die Masse jubelt zu oder empört sich, wo gar nicht das Entscheidende geschieht. Es ist wie ein dichter Nebel, worin die Menschen handeln, wenn nicht gegenüber der gesamten Daseinsordnung aus anderem Ursprung ein Wille des Menschen selbst zur Herrschaft kommt und gilt.

4. Krise.

Was in Jahrtausenden die Welt des Menschen war, scheint heute zusammenzubrechen. Die als Apparat der Daseinsfürsorge neu entstehende Welt zwingt alles, ihr zu dienen. Sie vernichtet, was in ihr keinen Platz hat. Der Mensch scheint in das aufzugehen, was nur Mittel, nicht Zweck geschweige Sinn sein sollte. Er kann darin keine Zufriedenheit finden; ihm würde fehlen, was ihm Wert und Würde gibt. Was in aller Not ein unbefragter Hintergrund seines Seins war, ist im Verschwinden. Während er sein Dasein zur Ausbreitung bringt, scheint er das Sein preiszugeben, in dem er zu sich selbst kommt.

Daher ist das Bewußtsein allgemein, daß es mit dem, worauf es eigentlich ankommt, nicht in Ordnung sei. Alles ist fraglich geworden; alles sieht sich bedroht. Wie sonst die Wendung geläufig war, wir lebten in einer Übergangszeit, und vor dreißig Jahren, unser geistiges Dasein sei fin de siècle, so ist jetzt in jeder Zeitung von Krise die Rede.

Man fragt nach dem tieferen Grund und findet die Staatskrisis; wenn die Weise des Regierens zu keiner entschiedenen Willensbildung des Ganzen führt und die Gesinnung der Zustimmung schwankt, schwankt alles. Oder man findet eine Kulturkrisis als die Zersetzung alles Geistigen; oder schließlich eine Krisis des Menschseins selbst. Es zeigt sich die Grenze der verabsolutierten Massenordnung mit solcher Vehemenz, daß alles erschüttert ist.

Krise ist wirklich als der Mangel an Vertrauen. Hielt man sich noch an die Zwangsläufigkeit formellen Rechtes, zwingender Wissenschaft, fester Konventionen, so war dies nur ein Berechnen der Dinge, kein Vertrauen. Wird alles in die Zweckhaftigkeit bloßer Daseinsinteressen gerissen, so hebt sich das Bewußtsein der Substantialität des Ganzen auf. In der Tat ist heute keiner Sache, keinem Amt, keinem Beruf, keiner Person zu trauen, bevor man sich nicht im konkreten Einzelfall besser überzeugt hat. Jeder Kundige weiß die Vortäuschungen, Umbiegungen, Unzuverlässigkeiten in seinem Gebiet. Es gibt nur noch Vertrauen jeweils im kleinsten Umkreis, keine Vertrauenstotalität.

Alles ist in die Krise gekommen, die weder übersehbar noch aus einem Grunde zu begreifen und wieder gut zu machen, sondern als unser Schicksal zu ergreifen, zu ertragen und zu überwinden ist. Das an sich Unübersehbare der Krise kann man auf vielfache Weise umkreisend nennen:

Als technische und wirtschaftliche scheinen alle Probleme planetarisch zu werden. Der Erdball ist nicht nur zu einer Verflechtung seiner Wirtschaftsbeziehungen und zu einer möglichen Einheit technischer Daseinsbemeisterung geworden; immer mehr Menschen blicken auf ihn als den einen Raum, in welchem als einem geschlossenen sie sich zusammenfinden zur Entfaltung ihrer Geschichte. Der Weltkrieg war der erste Krieg, in dem die gesamte Menschheit engagiert war.

Mit der Vereinheitlichung des Planeten hat ein Prozeß der Nivellierung begonnen, den man mit Grauen erblickt. Was heute für alle allgemein wird, ist stets das Oberflächliche, Nichtige und Gleichgültige. Man bemüht sich um diese Nivellierung, als brächte sie die Einigung der Menschheit zuwege. In tropischen Pflanzungen und im nordischen Fischerdorf sieht man die Filme der Weltstädte. Überall sind dieselben Kleider. Die Manieren des Umgangs, die gleichen Tänze, derselbe Sport, dieselben Schlagworte eines aus Aufklärung, angelsächsischem Positivismus und theologischer Tradition gemischten Sprachbreis erobern sich das Erdrund. Die Kunst des Expressionismus sah in Madrid so aus wie in Moskau und Rom. Auf Weltkongressen fördert man diese Nivellierung, wenn man, statt in die echte Kommunikation des Heterogenen zu treten, sich auf das Gemeinsame in Religion und Weltanschauung einigen will. Die Rassen mischen sich. Die geschichtlichen Kulturen lösen sich von ihrer Wurzel und stürzen in die technisch wirtschaftliche Welt und eine leere Intellektualität.

Noch ist dieser Prozeß in den Anfängen. Aber jeder, schon das Kind, ist von ihm ergriffen. Schon schlägt der erste Rausch der Raumerweiterung um in ein Gefühl der Weltenge. Es mutet uns überraschend an, daß der Zeppelin über Sibirien noch Menschen begegnet, die sich vor ihm flüchtend verstecken. Bodenständigkeit wirkt wie stehengebliebene Vergangenheit.

Man sieht jetzt vor allem den unersetzlichen Substanzverlust, der noch unaufhaltsam fortschreitet. Der physiognomische Ausdruck der Generationen scheint seit einem Jahrhundert ständig auf ein tieferes Niveau zu sinken. In jedem Beruf ist der Mangel an Persönlichkeiten bei Zudrang zahlloser Bewerber beklagt. Überall ist die Masse des Durchschnittlichen, in der es die spezifisch begabten Funktionäre des Apparats gibt, welche ihn konzentrieren, und sich in ihm aufschwingen. Die Verwirrung durch den Besitz fast aller Ausdrucksmöglichkeiten der Vergangenheit bringt den Menschen in eine fast undurchsichtige Verschüttung. Gebärde statt Sein, Mannigfaltigkeit statt des Einen, Sprachlichkeit statt echter Mitteilung, Erlebnis statt Existenz, endlose Mimicry ist der Aspekt.

Der Verfall hat einen geistigen Grund. Autorität war die Form der Bindung im Vertrauen; sie gab Gesetz für Ungewißheit und verband den Einzelnen mit dem Seinsbewußtsein. Diese Form ist im 19. Jahrhundert im Feuer der Kritik endgültig zerschmolzen. Das Resultat ist einerseits der dem modernen Dasein eigene Zynismus; man zuckt die Achseln gegenüber dem Gemeinen, das im Großen wie im Kleinen geschieht und kachiert wird. Andererseits ist Härte der Verpflichtung in sich bindender Treue verschwunden; weichliche Humanität, in der die Humanitas verloren ist, rechtfertigt mit blutleeren Idealen das Elendeste und Zufälligste. Nach der Entzauberung durch die Wissenschaft werden wir der Entgötterung der Welt darin eigentlich bewußt, daß kein Gesetz der Freiheit mehr als unerbittlich gekannt wird, an seiner Stelle nur Ordnung, Mitmachen, Nichtstören bleibt. Kein Wollen aber kann wahrhaftige Autorität wieder herstellen. Nur unfreie Gewaltsamkeit würde an ihre Stelle treten. Was sie ersetzen könnte, mußte aus neuem Ursprung wirklich werden. Die Kritik bleibt nunmehr Bedingung dessen, was werden könnte, aber sie vermag nicht zu schaffen. Einmal eine positive Lebensmacht ist sie heute in die Zerstreutheit gegangen und zerfallen; sie richtet sich sogar gegen sich selbst und führt in die Bodenlosigkeit des Beliebigen. Ihr Sinn kann nicht mehr sein, nach gültigen Normen zu beurteilen und zu richten, sondern ihre wahre Aufgabe ist, den Sachen nahe zu kommen und zu sagen, was ist. Dies aber vermag sie nur, wenn sie schon wieder beseelt ist von echtem Gehalt und der Möglichkeit einer sich hervorbringenden Welt.

Auf die Frage, was denn heute noch sei, ist zu antworten: das Bewußtsein von Gefahr und Verlust als das Bewußtsein der radikalen Krise. Es ist heute nur Möglichkeit, nicht Besitz und Garantie. Jede Objektivität ist zweideutig geworden; das Wahre scheint im unwiderbringlich Verlorenen, die Substanz in der Ratlosigkeit, die Wirklichkeit in der Maskerade. Wer in der Krise zum Ursprung finden will, muß durch das Verlorene gehen, um aneignend zu erinnern; die Ratlosigkeit durchmessen, um zur Entscheidung über sich zu kommen; die Maskerade versuchen, um das Echte zu spüren.

Die neue Welt entstünde aus der Krise nicht durch die rationale Daseinsordnung als solche, sondern der Mensch, mehr als das, was er in ihr hervorbringt, gewinnt sich durch den Staat im Willen zu seinem Ganzen, dem die Daseinsordnung Mittel wird, und in der geistigen Schöpfung, durch die er zum Bewußtsein des Wesens kommt. Auf beiden Wegen kann er sich des Ursprungs und Ziels, des Menschseins in dem Adel freier Selbstschöpfung, den er in bloßer Daseinsordnung verliert, wieder gewiß werden. Glaubt er im Staat das Eigentliche zu ergreifen, so macht er die Erfahrung, daß dieser an sich nicht schon alles, sondern nur Stätte der Ermöglichung ist. Vertraut er sich dem Geist, als einem Sein an sich, so wird ihm dieser in jeder bestehenden Objektivität fragwürdig. Er muß zum Anfang zurück, zum Menschsein, aus dem Staat und Geist Blut und Wirklichkeit erhalten.

Damit relativiert er das einzige Band, das alle in sich schließen kann, die äußere Weltordnung verständigen Zweckdenkens. Die Wahrheit aber, welche im Wesen Gemeinschaft stiftet, ist ein jeweils geschichtlicher Glaube, der nie der Glaube aller sein kann. Wohl ist die Wahrheit verständiger Einsicht nur eine für alle, aber die Wahrheit, die der Mensch selbst ist und in seinem Glauben zur Helligkeit bringt, scheidet ihn. In dem unendlichen Kampf ursprünglicher Kommunikation entzündet sich das sich Fremde, das auf einander angewiesen ist; daher verwirft der in der geistigen Situation der Gegenwart zu sich kommende Mensch die Gewalt eines sich allen aufzwingenden Glaubens. Einheit des Ganzen bleibt als faßlich die geschichtliche dieses Staates, der Geist als ein an seinen Ursprung gebundenes Leben, der Mensch als sein jeweils spezifisches, unersetzliches Wesen.

Dritter Teil: Der Wille im Ganzen.

Die Unentrinnbarkeit der Daseinsordnung hatte ihre Grenzen im Menschen, der nicht aufgeht in einer Funktion, ferner darin, daß nicht nur eine einzige Daseinsordnung und keine endgültig möglich ist. Der Mensch, der nicht nur Dasein will, entscheidet, welche gewählt und gesichert wird; oder der Mensch verfällt an das bloße Dasein und läßt über sich entscheiden.

Die Entscheidung, welche der Mensch als Einzelner im inneren Handeln über sein Wesen vollzieht, ist zwar die unantastbare Instanz seines Seins. Aber Wirklichkeit in einer Welt kann es nur haben durch die Weise der Macht in dem Ganzen, in welchem Menschen zur Einheit eines Willens in bezug auf die Einrichtung ihrer Zustände und die Selbstbehauptung in der Welt kommen können. Was der Mensch wirklich wird, hängt an dem Wollen dieser Macht, welche das Dasein im Ganzen zu geschichtlicher Konkretheit bestimmt; und es hängt ferner an der Erziehung, welche bewußt die Überlieferung der menschlichen Möglichkeiten lenkt.

Wenn die Wirklichkeit des Ganzen als Ort letzter Entscheidung bewußt wurde, so ist der Griff an den Hebel, durch den jeweils entschieden wird, der Wille zum Staat. Staatswille ist der Wille des Menschen zu seinem Schicksal, das er niemals als nur Einzelner, sondern in seiner Gemeinschaft durch die Folge der Generationen hat. Der Staatswille aber sieht sich sogleich in der Vielfachheit der kämpfenden Staaten, und in der Spannung mit sich selbst um die Formung seiner bestimmten geschichtlichen Gestalt.

Dem Staatswillen bleibt die Daseinsordnung nicht mehr

nur Gegenstand rationalen Planens für alle Menschen, sondern sie wird Gegenstand der ausschließenden Entscheidung durch Eingriff seiner Macht. Er nimmt zwar den Gedanken des Wohlfahrtsstaates als der ökonomischen Daseinsordnung in sich auf, aber durch ihn hindurch ist er auf den Menschen selbst gerichtet.

Da er diesen nicht nach planmäßigem Willen herstellen kann, schafft er in seiner Idee ihm wenigstens den Raum vollkommenster Möglichkeit. Der Staatswille muß den Weg durch unlösbare Spannungen suchen: Seine besondere Lage in der Welt (als weltgeschichtliche Situation) zwingt ihn zur Steigerung seiner Macht auf Kosten der Entfaltung des Menschseins in ihm. Das Menschsein zwingt ihn umgekehrt zur Begrenzung seiner Machtentwicklung, wenn durch diese sein Sinn, die höchstmöglichste Artung des Menschen zu verwirklichen, ruiniert würde. Wenn einmal im Staatsmann und Soldaten einen Augenblick diese Spannung sich löst zur Steigerung des Menschen, der durch diese Steigerung zugleich die Macht seines Staates wird, so ist doch auf die Dauer diese Spannung unaufhebbar zwischen der Notwendigkeit dessen, was die Situation im Augenblick fordert, und dem einzig wesentlichen Ziel: was aus dem Menschsein wird. Daher kann der Staatswille versinken in der Opportunität des Augenblicks mit äußerem Erfolg; er kann auch im Banne eines geistigen Ideals die Wirklichkeit des Augenblicks zugunsten imaginärer Zukunft überfliegen und sich um alles Dasein betrügen.

Der Staat hat zu seinem konkreten Gehalte die Freiheit der Erfüllung des Menschen in der Mannigfaltigkeit der Berufsideen, die als bloße Funktion im Apparat unerfüllbar sind; er hat zu seiner Substanz die Menschen, welche durch Erziehung an ihrer geschichtlichen Tradition Anteil gewonnen haben. In beiden Fällen kann er, der die Massenordnung sichert, weil diese durch ihn allein Bestand hat, zugleich der Schutz vor dieser Massenordnung sein.

Sofern bewußter Wille mitspricht, hängt alle Zukunft vom politischen und pädagogischen Tun ab. In der Ohnmacht vor dem Gang der Dinge doch den Willen anspannen, auf sie zu wirken, ist der Mut des Selbstseins im politisch handelnden Menschen; in der Ohnmacht vor der Artung des Menschen doch alles tun, um ihn durch Vermittlung des tiefsten Gehalts der Überlieferung zu seinem Adel zu bringen, die Kraft des Erziehers.

1. Der Staat.

Staatsbewußtsein. — Mit dem Staatsbewußtsein kam der Mensch zum Wissen der Gewalt als der möglichen Exekution seitens der Macht, welche stets gegenwärtig den Bestand und die Bewegung der Dinge entscheidet. Der Staat nimmt das Monopol legitimer Gewaltanwendung (Max Weber) für sich in Anspruch.

Damit war zweierlei geschehen: die Ausschaltung der Gewaltanwendung aus der Ordnung menschlichen Daseins, das nunmehr friedlich nach Regel und Gesetz sich vollzieht, und die Steigerung der Gewalt an der einzigen Stelle, deren Dasein akzentuiert zum Ausdruck bringt, daß ohne Gewalt oder mögliche Gewalt menschliches Dasein nicht besteht. Die Gewaltanwendung, früher zerstreut, ist konzentriert. Der Mensch, früher jederzeit in der Bereitschaft, durch eigenen Gebrauch der Waffe sein Dasein zu schützen und zu erweitern, wird zum Mittel technischer Ausführung der staatlich kanalisierten Gewaltanwendung. Nur einzelne gehören berufsmäßig der Polizeimacht an, im Kriegsfall jedermann der Heeresmacht. Im Staat ist die Macht, welche durch still drohende Gewaltanwendung besteht, oder durch ihren Vollzug entscheidet. Je nach Situation ist sie auf das Höchste gesteigert oder auf ein Minimum reduziert.

Die geistige Situation wäre für den Einzelnen der Anspruch, sich zu der Wirklichkeit der Macht zu stellen, die, weil er allein durch sie ist, in irgendeinem Sinne auch die seinige ist. Dann wäre der Staat nicht schon als die blinde Natur beliebiger Gewalt, sondern erst als Erfolg der geistigen Akte, die in ihrer Freiheit sich doch gebunden wissen an die Wirklichkeit, wie sie hier und jetzt ist. Der Staat kann versinken in das Chaos dumpfer Gewalt oder emportauchen als die Idee des auf die Weise des Menschseins gehenden und dazu die Macht ergreifenden Willens. Daher ist der Staat entweder verloren in einer leeren Gewalt, welche sich sophistischer Intellektualität bedient, und dann wie die Natur, die mich vernichten kann und vernichten wird, die aber trotzdem, sofern ich nichts gegen sie tun kann, mich eigentlich auch nichts angeht; oder er ist eine geschichtlich gebundene substantielle Macht, wenn ein dunkler Anspruch der Wirklichkeit hell wird im geistig bewußten Willen. Die geistige Wirklichkeit des Staates scheint heute wie zerfallen, aber noch nicht verschwunden.

Galt der Staat als die Autorität eines von der Gottheit legitimierten Willens, so unterwarfen sich die Menschen den Wenigen, und litten als Vorsehung, was geschah. Wenn es jedoch, wie heute, dem allgemeinen Bewußtsein gegenwärtig ist, daß die staatliche Aktion nicht als solche schon wie ein göttlicher Wille sei, der verpflichtend den Menschen überkommt, so weiß er sie als Ergebnis des menschlichen Willens selbst, an dem teilzunehmen Ziel jeden einzelnen Willens werden kann. Er lebt in der Massenordnung zwischen den Polen des friedlichen Apparats seiner Daseinsfürsorge und der in jedem Augenblick fühlbar gegenwärtigen Macht, deren Richtung und Inhalt er wissen will, weil er auf sie Einfluß gewinnen möchte.

Der Mensch kann sich die Tatsächlichkeit der Macht nicht mehr verdecken, etwa dadurch, daß er sie als Rest vermeintlich überwindbarer vergangener Schrecknisse ansieht. Dem redlichen Blick ist es vielmehr offenbar, daß jede Ordnung darum nur durch Macht besteht, weil sie an Grenzen eines ihr fremden Wollens stößt. Ob sie als Bändigung dieses Bösen, oder ob sie selbst in ihrer Verabsolutierung als böse angesehen wird, im Staat als der Form sich monopolisierender Gewalt wird der dunkle Grund menschlichen Gemeinschaftsdaseins betreten, wo alles Handeln, wenn die Macht an sich böse ist, wie ein Paktieren mit dem Unvernünftigen und Widermenschlichen ist. Erst aus diesem Grunde kommt der entschiedene Wille in die Kontinuität geschichtlicher Möglichkeit, oder in ihn versinkt die entschlußlose Betriebsamkeit zersplitterter Augenblicksinteressen und ihre Gewalt. Unser gesellschaftliches Dasein hat ihr Bleiben durch die Zeit in der Formung durch diese Macht.

Der Staat, an sich weder legitim noch illegitim, ist, ohne sich von weiterher abzuleiten, das sich selbst begründende Dasein des Willens, dem Macht überkommen ist und der sich Macht gegeben hat. Es ist daher stets ein Ringen um den Staat, und ein Ringen der Staaten mit Staaten. Denn nie ist die eine ausschließliche Macht der die Welt erfüllenden Menschheit, sondern eine Macht neben anderen, mit ihnen und gegen sie. Immer zwar wird eine gesetzliche Ordnung gesucht, aber jede bestehende ist irgendwo begründet in Gewaltakten, die in Kampf und Krieg entschieden haben, in welchen Abhängigkeiten und durch welche Prinzipien sie bestehen soll. Es ist keine endgültige Ruhe; die Situationen verwandeln sich, die Kräfte, in deren Konzentration die Macht besteht, verfallen oder wachsen. Statt des Staats der Menschheit gibt es nur den Eintritt in die Unruhe des gesamten menschlichen Daseinsbestandes durch die Identifikation mit der eigenen geschichtlichen Situation.

Es hat weder Sinn, den Staat zu vergöttern noch ihn zu verteufeln. Pathetisches Gerede pflegt nach beiden Seiten für die Wirklichkeit blind zu machen, statt zum Bewußtsein zu bringen, wovon Dasein bestimmt ist. Es ist der wesentliche Unterschied zwischen den Menschen, ob sie von der geschichtlichen Wandlung des Daseins als unserem Schicksal innerlich ergriffen sind, oder blind in der Ruhe einer Illusionswelt der Menschenfreundlichkeit oder der Unzufriedenheit, im bloßen Daseinsgenuß und Daseinsleid bleiben, bis die Weise der Zerstörung als unvorhergesehene die Nichtigkeit dieser Täuschung offenbart.

Nach der Entzauberung der Welt, welche erst recht den Staat in den Lichtkegel von Frage und Wissenwollen brachte, erlaubt es die geistige Lage der Gegenwart jedem, in diesen Raum des menschlichen Gesamtdaseins einzutreten. Er sieht die Furchtbarkeit der Welt menschlichen Handelns in der Staatswirklichkeit als erbarmungslose Unerbittlichkeit erscheinen. Wer dann im Erschrecken nicht gelähmt wurde, nicht vergaß und verschleierte, will zu dem Punkt der Mitwissenschaft mit dieser Wirklichkeit menschlichen Tuns und Sichentschließens dringen, an dem er sich klar werden kann, was er selber will, nicht im allgemeinen und überall, sondern geschichtlich mit den Menschen, welche ihm das eigentliche Menschsein bedeuten.

Das Politische zu ergreifen, ist so sehr Sache eines hohen menschlichen Ranges, daß kaum zu erwarten ist, jemand werde der hohen Aufgabe gewachsen sein. Es gibt zwei entgegengesetzte Möglichkeiten des Versagens:

Entweder schließt man sich von der Teilnahme am Gang der Dinge aus. Zwar nimmt man in den Zufällen des eigenen Daseins seine Vorteile wahr. Aber das Ganze sieht man als Sache anderer, die das zu ihrem Beruf machen. Man stößt wohl überall an die Auswirkung der Gewalt in dem Sosein der gegenwärtigen Ordnung. Man findet etwas ungerecht oder sinnlos. Aber man leidet es wie ein Fremdes, das nicht Sache der eigenen Verantwortung ist. Man ist so konsequent, nicht anzuklagen. Gleichgiltig gegen die Ereignisse läßt man das eigene Herz in ihnen nicht mitschwingen. Daß man nicht orientiert ist, weder über Möglichkeiten überhaupt, noch über die gegenwärtige Lage, ist man redlich einzugestehen, und enthält sich wie des Urteils so der Tat. Diese Apolitie ist das Versagen dessen, der nicht zu wissen braucht, was er will, da er nichts will als sich verwirklichen in seinem weltlosen Selbstsein, gleichsam wie in einen zeitlosen Raum hinein. Er nimmt das geschichtliche Menschenschicksal in nur passiver Duldung hin, weil er als Sein ein ungeschichtliches Heil der Seele glaubt. Er kennt nicht die Verantwortung dessen, der erst in der Welt er selbst ist, und für das, was geschieht, sich schuldig hält, sofern er nicht getan hat, was er konnte, um für das zu sorgen, was geschehen sollte.

Oder man stürzt sich in ein **blindes politisches Wollen**. Man ist unzufrieden in seinem Dasein und klagt die Zustände an, in denen man, statt auch in sich selbst, die einzige Ursache der Weise des eigenen Daseins sucht. Man hat Instinkte des Hasses und dann der Begeisterung, vor allem den Instinkt des Machtwillens als solchen. Obgleich man weder weiß, was man doch wissen könnte, noch was man eigentlich will, redet man, wählt, handelt, als ob man wüßte. Ein Kurzschluß führt aus Viertelwissen sogleich in die unwahrhaftige Unbedingtheit des Fanatismus. Dieses lärmende Dabeisein ist die verbreitetste Erscheinung eines vermeintlichen politischen Mitwissens und Wollens, taumelnd durch die Zeit, fähig, Unruhe zu entladen und zu erwecken, aber unfähig, einen Weg zu gehen.

Heute ist es für den, der nicht versagt, die Aufgabe, mitzuleben in dem Staat, der weder den Glanz der Autorität hat, welche eine objektive übersinnliche Rechtfertigung seines bestimmten gegenwärtigen Tuns bedeutet, noch als rationalisierbares Zentrum der planmäßigen Versorgung aller menschlichen Dinge verfestigt werden kann. Bewußt in diesem Grunde zu stehen, durch den das ganze menschliche Dasein ist, ist eigentliches Staatsbewußtsein. Daß der einzelne innerlich anerkennt, dort gebunden zu sein, bringt ihn endgültig vor die Fragwürdigkeit des Menschseins. Hier hören alle Täuschungen auf, die ein harmonisches Dasein in der rechten Welteinrichtung träumen. Hier ist kein endgültiges Wissen vom Wesen des Staates erlaubt, auch nicht als des Ungeheuers, das sich in die Form der Gesetzlichkeit bringt. Hier ist vielmehr in der unübersehbaren Verflechtung menschlichen Treibens und Wollens in seinen Situationen der Einzelne dem geschichtlichen Gang überantwortet, der seine Schritte in Handlungen politischer Macht tut, ohne als Ganzes übersehbar zu sein. An diesem Grunde der menschlichen Dinge verliert blindes Wünschen, leidenschaftliche Empörung, ungeduldiges Habenwollen seinen Sinn. Nur Geduld auf lange Sicht bei verhaltener Entschlossenheit zu plötzlichem Zugreifen, umfassendes Wissen, das über das zwingend Wirkliche hinaus dem unendlichen Raum des Möglichen offen bleibt, kann hier etwas ausrichten, das mehr ist als bloß Tumult, Zerstörung, Forttreiben der Dinge. In der Ohnmacht doch die Freiheit zum Handeln zu ergreifen, ist für den einzelnen um so schwerer zu verwirklichen, wenn wie heute in reiner Weltlichkeit der Grund gefunden werden soll; der Selbstverantwortung ist überlassen, was früher von der göttlichen Staatsautorität her gelenkt wurde; eine Anspannung, die keine Lösung erwarten kann, sucht über endliche Ziele einen Weg, dessen Ende sie nicht kennt. Und es ist doch der Ort, wo, entgegen der Weise verständiger Daseinsfürsorge, das, was ist, nur dem offenbar wird, der trotz allem auf Transzendenz zu blicken vermag.

Es ist begreiflich, daß wir fast alle versagen. Wie Auswege zu leichterer Möglichkeit erscheinen Bolschewismus und Faszismus. Man kann wieder einfach gehorchen, mit einer zugänglichen Reihe von Schlagworten zufrieden sein, und alles Handeln jeweils dem Einen überlassen, der das Regiment sich erobert hat. Diese Formen sind Ersatz für die Autorität; aber sie sind es um den Preis des Verzichts fast aller, selbst zu sein. In der Situation der gegenwärtigen Welt sehen die Staaten, in denen diese Möglichkeiten des Ausweichens bisher gemieden wurden, sie zugleich als die Wirklichkeit anderer Staaten um sich, mit der zu rechnen ist; in der geistigen Situation ihres Innern treten diese Möglichkeiten als Ansprüche des Massenmenschen an sie heran.

Selbstsein aber beginnt im Blick auf diese Abwege mit

der Betroffenheit vom Wirklichen und Möglichen. Das eigene Dasein wird miterzittern von den Weltvorgängen der Zeit und unablässig sich klären im Wissen des Möglichen, bis es reif wird zur Mitwirkung in seiner Situation.

In dieser bleibt die Spannung zwischen der Massenordnung in Daseinsfürsorge und der auf Macht sich gründenden Entscheidung, oder zwischen Gesellschaft und Staat:

Dem Sinn der Daseinsordnung der Gesellschaft dient der Mensch durch die Arbeit, welche das eigene Dasein in ihr begründet. Alles vernünftige Planen geht auf Besserung dieser Ordnung und ihrer Funktionen, auf Ausschaltung von Störungen, auf Gerechtigkeit, Gesetz und Frieden. Das soziale Staatsempfinden ist der Antrieb dieses Tuns.

Aber es sind die unausweichlichen Grenzen: in den Eigenschaften der Menschenmassen, in der nicht zu verhindernden Erbarmungslosigkeit der sozialen und biologischen Auslese; in der ungleichmäßigen Beschränkung des Lebensspielraums der meisten; in der Verschiedenheit der Rassen, der Charaktere und Begabungen der Menschen; in der verschiedenen Bevölkerungszunahme der in sich zusammengehörenden Gruppen. Darum ist der Staat anzusehen nicht nur als die Funktion der Sicherung gesetzlicher Ordnung, sondern als die Stätte des Kampfes um die Art und Richtung der irgendwo unausweichlichen Gewaltanwendung. In allen Zeiten trug der Mensch Qual und Last. Heute möchte er sich wohl bewußt von ihr befreien durch die möglichst richtige Welteinrichtung des Ganzen. Da es diese als Erfüllung nicht gibt, wird das soziale Staatsempfinden übergriffen von dem staatlichen Schicksalsbewußtsein. Als der Lebensknoten des jeweiligen Ganzen ist der Staat statt des Wegs zur endgültigen Einrichtung des einen Ganzen die Machtsituation eines bestimmten Staates in einer Zeit dieser Mittel menschlicher Technik und dieser jeweils gegebenen Möglichkeiten des Menschseins.

Nur im abstrakten Raum ist daher die geistige Situation von

Staat und Gesellschaft eine allgemeine der Zeit. Sie ist als wirkliche nur die Situation in einem geschichtlich besonderen Staat, von welchem sich der Blick auf die anderen Staaten richtet. Die Lockerung des menschlichen Individuums kann zwar soweit gehen, daß es die Staatsangehörigkeit wechselt, oder staatenlos wird und geduldet irgendwo zu Gast lebt. Das geschichtliche Wollen auch des Einzelnen kann aber nur in der Identifizierung mit seinem einzelnen Staat wirksam werden. Niemand verläßt ohne Einbuße sein Land. Fühlt er sich dazu gezwungen, so verliert er zwar nicht die Möglichkeit, selbst zu sein, und nicht sein Schicksalsbewußtsein, wohl aber die Entfaltung in der Teilnahme an dem ihn selbst begründenden Ganzen, seine wirkliche Welt.

Methoden und Machtbereich politischen Handelns. — Weil die Staatsmacht nicht eine einzige ist, sondern jeweils eine neben anderen Staatsindividuen, und weil sie in sich andere Ordnungsmöglichkeiten als die jeweils bestehenden hat, geht die Macht über in Gewalt, wenn die vertragliche oder faktische Einigung versagt. Krieg und Revolution sind die Grenzen der Daseinsfürsorge, durch deren Entscheidung sie auf neuen Grund von Wirksamkeit und Gesetz gestellt wird. Während man alles tut, um sie zu vermeiden, bleiben sie als Möglichkeit die ungelöste Frage an alles Dasein. Will man den Krieg um jeden Preis verhindern, so wird man blind hineintaumeln, wenn man von den anderen in die Situation manövriert ist, in der man ohne Krieg vernichtet oder versklavt wird. Will man ihn wenigstens nach Kräften vermeiden, so verlangt doch die Härte der Wirklichkeit, jeden Augenblick mit seiner Möglichkeit zu rechnen, und die Einsicht wach zu halten, was „um jeden Preis" bedeutet.

Im Kriege als der faktischen Auswirkung der Gewalt spricht das Schicksal auf dem Wege über vorbedachte politische Entschlüsse durch physische Entscheidung. Es ist in ihm ein Pathos: das Leben für seinen Glauben an den unbedingten

Wert des eigenen Wesens einzusetzen; lieber tot als Sklave zu sein. Je entschiedener dem Kämpfenden aus eigenem Willen wirklich ist, worum es geht, desto mehr wird dieser Aufschwung im Menschen möglich. Je ferner er dem rückt, desto mehr werden jene hohen Impulse zu Gefühlen unwahrhaftiger Romantik.

Heute scheint der Krieg in seinem Sinn verändert, sofern er nicht mehr Glaubenskampf sondern Interessenkampf, nicht mehr Kampf echter Kulturgemeinschaften, sondern von Staatsgebieten, nicht nur Kampf der Männer, sondern technischer Kampf der Maschinen gegeneinander und gegen die jeweils passiven Bevölkerungen ist. Es scheint in ihm nicht mehr menschlicher Adel um seine Zukunft zu kämpfen. Durch ihn wird keine geschichtliche Entscheidung gefunden wie im Sieg der Griechen über die Perser, welcher die Existenz der abendländischen Persönlichkeit bis heute fundiert, und wie im Sieg der Römer über die Karthager, welcher sie sicherte. Wenn sich in der Welt durch kriegerische Entscheidung gar nichts ändert, sondern nur zerstört wird, während eine Gruppe von Menschen, deren Artung von der der Besiegten nicht wesentlich abweicht, größere Vorteile für die Zukunft hat, so fehlt das wahre Pathos eines geglaubten Seins, dessen Schicksal zu entscheiden ist. Da durch ein Lebenswagnis an sich noch kein Gehalt ist, konnte im letzten Krieg eine eigentümliche Solidarität zwischen Soldaten entstehen, die sich auf Leben und Tod bekämpften; es gab eine Gemeinschaft im Ertragen, in dem jeder doch seinen Mann stehen muß, das Geopfertwerden zu erleiden. Die Kraft des Aushaltens in der anhaltenden Gefahr des unberechenbaren und unbekämpfbaren Zufalls verlangt nach der Zermürbung doch in plötzlichen Augenblicken Geistesgegenwart zum Entschluß. Die Männlichkeit in dieser Situation hat einen anderen in aller Geschichte unvergleichlichen stillen Heroismus geschaffen. Aber grade diese Männlichkeit nimmt die Verantwortung nicht auf sich, solche Situation herbeizuführen, in die dann jedermann hineingezwungen wird. Daher der Ruf: Nie wieder Krieg.

Jedoch ist keine Garantie am Horizont sichtbar, daß die europäischen Völker keinen Krieg mehr führen werden. Die Möglichkeit des Friedens, auf welche hin gearbeitet wird, könnte dadurch wirklich werden, daß die technische Entwicklung der Kriegswaffen jeden europäischen Krieg verbietet, weil in der Engräumigkeit auch der Angreifer ruiniert würde. Es bleibt aber die Möglichkeit eines neuen Krieges, der furchtbarer als alle das Ende des gegenwärtigen Europäers würde. Auch wenn ökonomisch und vertraglich zu regelnde Gründe des Krieges beiseite geschafft wären, bleibt die Frage, ob in Menschen etwas liegt, was wie ein dunkler und blinder Wille zum Krieg ist: ein Drang zum Anderswerden, heraus aus dem Alltag, aus der Stabilität von Zuständen, etwas wie Wille zum Tod als Vernichtungswille und Selbstpreisgabe, ein unklarer Enthusiasmus zur Gestaltung einer neuen Welt, oder auch eine die Wirklichkeit nicht kennende ritterliche Kampflust; oder ein Wille zur Selbstbewährung, der sich beweisen will in dem, was er aushalten kann, und frei gewagten Tod dem am Ende eines nicht lohnenden Daseins passiv zu erleidenden Tod vorzieht. Es mag etwas schlummern, was von Zeit zu Zeit wiederkehrt, wenn die Anschauung wirklichen Kriegs sinnlich vergessen ist. Dann wäre es Aufgabe des echten Führers, nicht nur pazifistisch dagegen zu kämpfen, damit wenigstens eine lange Friedenszeit den Möglichkeiten Raum gebe, sondern auch den Krieg, wenn er in einer Konstellation von niemanden mehr verhindert werden kann, vordenkend mit dem Gehalt einer geschichtlich relevanten Entscheidung zu füllen.

Daß weder für einen endgültigen Frieden noch für einen geschichtlich gehaltvollen Krieg zur Zeit eine Möglichkeit sichtbar ist und doch der Mensch in die Spannung von Daseinsordnung und Gewalt gestellt bleibt, ist hinzunehmen. Der circulus vitiosus von Kriegsfurcht, welche zur eigenen Sicherung

Kriegsrüstung hervorbringt, die ihrerseits schließlich zum Kriege führt, den man vermeiden wollte, kann durchbrochen werden entweder durch eine einzige Macht, die aus der Einigung der im Besitz der Kriegsmittel befindlichen Menschen hervorgeht (z. B. aus der wirklichen Einigung Englands und Amerikas, welche im gegenwärtigen Augenblick allen anderen Völkern den Krieg verbieten könnten), oder durch ein uns undurchsichtiges Schicksal, welches aus dem Ruin einen Weg ginge zum Sein eines neuen Menschen. Diesen Weg zu wollen wäre blinde Ohnmacht, aber für ihn als Möglichkeit muß vorbereitet sein, wer sich nicht täuscht.

Die Methoden politischen Handelns vor der Gewaltanwendung liegen in der Willensbildung, welche Massen zur Einheit bringt. Aber in Massenapparaten ist jeder hervortretende Wille von einer eigentümlichen Unfaßbarkeit. Die Spannung von Führer und Masse hat die Tendenz, abwechselnd jede Seite im Augenblick, wo sie wirksam zu werden scheint, durch die andere zu lähmen:

Es ist die weltgeschichtliche politische Grundfrage unserer Zeit, ob die Menschenmassen demokratisiert werden können, ob die Durchschnittsnatur des Menschen überhaupt fähig ist, eine Mitverantwortung als Staatsbürger durch Mitwissen und Mitentscheiden der Grundlinien faktisch in ihr Leben aufzunehmen. Es ist kein Zweifel, das heute noch die Wählenden in der überwältigenden Mehrzahl nicht der auf Wissen begründeten Überzeugung folgen, sondern unprüfbaren Illusionen und unwahrhaftigen Versprechungen; daß die Passivität des Nichtwählers eine große Rolle spielt; daß fluktuierende Minoritäten, Bureaukratien, oder Einzelne durch zufällige Situationen herrschen. Masse kann nur durch Majorität etwas entscheiden. Der Kampf um Majoritäten mit allen Mitteln der Propaganda, der Suggestion, der Täuschung, der Leistung für partikulare Interessen scheint der einzige Weg zur Herrschaft.

Der echte Führer, der als die Kontinuität eines Lebens den

Weg weisen und die Entschlüsse fassen kann, ist nur da, wenn er die Bereitschaft für sich vorfindet. Heute ist die Frage: woran appelliert der Führer in den Massen? welche Instinkte werden erregt, welche Art von Tüchtigkeit bekommt ihre Chancen? welche Charaktere werden ausgeschlossen? Wer politisch will, muß Massen zum Wollen bringen. Diese Massen können eine Minorität sein. Aber Führer, die als sie selbst für selbstseiende Menschen Vertrauen genießen, sind in die heutige Situation bisher nicht eingetreten. Sie sind entweder nur mit Mißtrauen beobachtete, stets durch Kontrollen unter Bedingungen gestellte Exponenten einer Situation oder eines augenblicklichen Wollens vieler, mit dessen Verwandlung sie verschwinden; oder sie sind in ihrer wahren Wirklichkeit ungekannte eine Zeit lang Massen berauschende Demagogen; oder sie sind mit einer Minorität im gemeinsam interessierten Besitze der faktischen militärischen Gewalt, durch die alle anderen beherrscht werden, ob sie wollen oder nicht.

Mit solchen Weisen des Führertums zeigt der Staat im Zeitalter einer Verabsolutierung der Massenordnung, von Technik und Wirtschaft, daß er selbst ergriffen ist von Tendenzen, die ihn in seiner Idee zerstören. Er wird entweder als ein im Geistigen chaotischer Betrieb die bloße Einigung der rationalen Daseinsordnungen der Massen mit der Macht, ohne die nichts auf der Welt ist; im zerfallenden Staatsbewußtsein ist dann die Wirklichkeit des Machtstaates als geistig zufälliges Entscheiden und direktionsloses Abwechseln der Gewaltsamkeit. Oder der Staatswille wird in der Reaktion dagegen zur diktatorischen Wiederherstellung von Einheit, Autorität, Gehorsam, so daß in einem fanatisierten Staatsbewußtsein die Freiheit des Menschseins verloren geht und nur die Kraft der klugen Brutalität übrig bleibt. In diesen beiden Fällen bleibt nur eine gewaltsame Führung, die sich nicht durch ein zum echten Menschen gesteigertes Sein rechtfertigt.

So scheint das politische Schicksal aller die Schicksalslosigkeit: denn Schicksal ist nur, wo Selbstsein das Dasein ergreift und durch seine Aktivität übernimmt, verwirklicht und wagt. Der Machtbereich politischen Handelns scheint heute nirgends als Feld, auf dem die Weise des Menschseins weltgeschichtlich zu entscheiden ist. Aber diese geistige Situation stellt doch an jedes mögliche Selbstsein die Forderung, zum Wissen zu kommen dessen, was sich tun läßt auf Grund des Wissens von dem, was geschieht.

Der Machtbereich faktischen Handelns ist ferner heute nicht mehr von der unmittelbaren Einfachheit, wie es der Streit europäischer Staaten war. Eine unendlich verwickelte Welt, die in innerer Verwicklung für den Einzelnen nach jahrelangem Erfahren und Forschen immer nur zum Teil durchschaubar ist, mit den unklaren Kampffronten, die erst noch zum Bewußtsein eines echten Kampfsinns zu bringen sind, ist der Raum, in dem ein Handeln ohne sachkundiges Wissen nur tölpelhaftes Tun ist. Allein Situationsklarheit, welche im Handeln selbst sich stets neu erzeugt, kann das Handeln sinnvoll und wirksam werden lassen.

Wenn schließlich niemand auf lange Fristen handeln kann, sondern auch der mächtigste seine Gewalt durch einen jeweiligen Majoritätswillen hat, mit dem er verschwindet, so handelt er im Hinblick auf den Widerhall und die Herbeiführung ihm günstiger zukünftiger Wahlentscheidungen, nicht seinem Gott verantwortlich, sondern der ungreifbaren Masse. Er muß mit anderen Mächtigen rechnen, die in gleicher Lage sind. Der Machtbereich praktischen Handelns ist daher im Verhandeln sichtbar und unbestimmt begrenzt. Die Friedenskonferenz von Versailles war das Symptom für den Gesamtzustand der Welt. Ein noch nie dagewesener Mechanismus des Verkehrs und der Nachrichtenübermittlung machte den ganzen Erdball unter Ausschluß Deutschlands gegenwärtig. Die Mächte der öffentlichen Meinung ließen einen Tumult von Reibungen entstehen, in denen der Zufall in Verbindung mit Geschicklichkeit der

Verhandelnden, und die Ermüdung in den Konferenzen ganz weniger die Resultate dieses den Einzelnen aufreibenden Betriebes zustande kommen ließ. An diesen hielt man dann fest, weil sonst alles zu zerbrechen drohte. Der Präsident Wilson wollte eine neue Weltordnung schaffen und erlitt eine vernichtende Niederlage, weil er, in den Manövern des Verhandelns unfähig, nach theoretischen Gradlinigkeiten verfuhr und den Zustand herbeiführte, den man „Ramsch in Idealismus" genannt hat.

2. Die Unfaßlichkeit des Ganzen.

Das Ganze ist erstens im planenden Denken die Idee eines Gesamtzustandes, auf den Programme hinzielen; es ist zweitens die konkret gegenwärtige weltgeschichtliche Lage.

Eigensüchtige Daseinsinteressen, die sich in Gruppen gemeinsamen Interesses zusammentun, sind zwar mächtige Faktoren. Jedoch treten sie auf in der Weise, daß sie Allgemeininteressen zu vertreten vorgeben. In den Programmen als geistigen Gebilden zeigt sich das Allgemeininteresse in ursprünglich heterogenen Gestalten: als Utopie einer richtigen Welteinrichtung der Daseinsfürsorge der Masse in ewigem Frieden; — als Metaphysik eines Seins des Staates an sich, dem alles andere zu dienen hat; — als Gesinnung, welche Weltveränderung als Bewegung bejaht mit den faktischen Kräften, die jeweils da sind, ohne von der Zukunft etwas wissen zu wollen, denn diese Bewegung als solche soll die unvoraussehbare Zukunft erst aufbrechen; — als Gesinnung der Selbstbeschränkung von Staat und Gesellschaftsapparatur zugunsten unantastbarer Menschenrechte und zugunsten von Lücken, welche dem möglichen Menschsein der Einzelnen in seiner Mannigfaltigkeit Raum geben; — als das geschichtliche Leben eines nationalen Volkes.

Diese Gestalten bekämpfen sich auf geistigem Felde und

werden Beweggründe für vorher dunkle Motive. Aber jede von ihnen wird unwahr mit einen Totalprogramm, sofern dieses in abstrakter Allgemeinheit gelten soll. Das politische Handeln geschieht vielmehr stets aus konkreter geschichtlicher Situation in einem unübersehbaren Ganzen; jeder und jede Gruppe und jeder Staat steht nur an einem einzigen Orte, nicht überall; alles hat nur e i n e Möglichkeit, nicht die der Menschheit überhaupt. Politisches Handeln ist die Wirklichkeit, die in ihrer letzten Abhängigkeit kämpfend ergriffen ist und im faktischen Erfolg ihr Wesen offenbart.

Daß aber die Kampffronten heute unklar sind, macht die Umsetzung aus dem unbestimmten Willen zum eigentlichen in dem bestimmten Kampf dieser Fronten so unerhört schwer.

Zum Beispiel ist das Volk als die Ganzheit, um dessen Sein es sich handelt, heute fragwürdig, aber nicht etwa überwunden. Die Nationalisierungsbestrebungen auf der ganzen Welt sind intoleranter als je, aber Nation ist in ihnen nur die Durchschnittlichkeit der Sprache in Assimilation an einen nivellierenden Typus. Nation hört auf, echtes Volk zu sein, wo sie in die Unfreiheit dieser Weise des Selbstbewußtseins hineingezwungen wird. Umgekehrt lehnen viele die Nationalität als falsche Front ihnen fremder Interressen ab, um an einen ungeschichtlichen Volkscharakter der durch alle historischen Völker hindurch schicksalsverwandten Massen zu glauben.

Sowohl das nationalistische Volk wie das unbestimmte Massenvolk der Daseinsfürsorge stampfen heute gewaltsam das ursprüngliche dem dunklen Grunde seines Volkes verbundene Selbstsein ein. Es ist für ein klares Bewußtsein nicht mehr möglich, in ihre Kampffront einzutreten. Wer eigentlich am Schicksal des Menschen teilnehmen will, muß auf einen tieferen Grund gekommen sein. Die Geschichtlichkeit eigenen Wesens in der geistigen Tradition auf dem Untergrund einer Kette des Blutes ist, wenn gefragt und diskutiert wird, nicht einfach da, sondern erst, wenn sie aus Freiheit übernommen und angeeignet ist, eine wirkliche Macht des Selbstseins. Es ist die furchtbare Situation des modernen Menschen, wenn er an sein Volk in den Gestalten, durch die es seine gegenwärtige Objektivität hat und seine Ansprüche kund gibt, nicht mehr glauben kann, sondern in tiefere Schicht hinuntertauchen muß, aus der er entweder die substantielle Geschichtlichkeit seines Seins hervorholt oder ins Bodenlose taumelt.

Das Schicksal läßt sich nicht nach einem Ideal erzwingen. Es wird erst in der konkreten weltgeschichtlichen Lage offenbar. Das historisch Gegebene ist eine Substanz, die der Mensch seit der französischen Revolution wohl radikal aufzuheben dachte. Es ist nun, als ob er bewußt den Ast bearbeite, auf dem er sitzt. Es scheint seine Möglichkeit geworden: die Hand auf sein ganzes Dasein zu legen, indem er es zum Gegenstand des Planes macht. Es entstand die Gefahr, das Dasein zu untergraben, als man es als Ganzes richtig machen wollte und die andere Gefahr, in eine nie dagewesene Enge von Zwangsläufigkeiten zu geraten, die nun zugleich gekannt und erlitten werden. Jeder Versuch des Abbruchs oder der Unterbrechung der Geschichte ist jedoch insofern gescheitert, als die Geschichte doch wieder, zum Glücke des geistigen Bestandes, in verwandelter Gestalt wirkte. Den gegenwärtigen Augenblick der Weltgeschichte zu fassen ist Sache der politischen Konstruktion aus einer konkreten Lage heraus. Er ist als ein einziger nicht zu beschreiben.

Politik als das egoistische Rechnen eines Staatsgebiets sieht alle anderen als je nach der Konstellation beliebig austauschbare Bundesgenossen und Feinde. Gegen den geistig und geschichtlich Nächsten setzt sie sich in Bündnis mit den Fremdesten. England würde bei einem ernsthaften Konflikt gegen Amerika ohne weiteres mit Japan in Bündnis treten. England und Frankreich haben indische und schwarze Truppen an den Rhein geführt. Deutschland würde kaum die russische

Bundesgenossenschaft ausschlagen, wenn sie ihm Chancen böte, seine Freiheit zurückzugewinnen.

Politik getragen von einem geschichtlichen Bewußtsein des Ganzen würde jedoch heute schon über jeden einzelnen Staat hinaus die kommenden Interessen des Menschseins sehen, das in Gegensätzen abendländischen und asiatischen Wesens, europäischer Freiheit und russischen Fanatismus unbestimmt sich vorzeichnet. Solche Politik würde die tiefe menschliche und geistige Verbundenheit deutschen Wesens mit angelsächsischem und romanischem nicht vergessen und vor dem Verrat schaudern, der hier bis heute immer wieder begangen worden ist.

Wie die Kampffronten einmal liegen werden, ist unausdenkbar; oder besser jede Weise, wie man sie sich ausdenkt, ist absurd, weil die faktische Kampffront heute für unser Wissen nie dem inneren Sinn des um seine Zukunft ringenden Menschseins entspräche.

Näher liegend als diese möglichen Kampffronten ist die Frage der Wehrhaftigkeit überhaupt. Auch bei Gelingen eines langen Friedens ist auf die Dauer verloren, wer die innere Bereitschaft zum physischen Kampf aufgehoben hat. Was Deutschland aufgezwungen wurde: ein Berufsheer unter Aufhebung der allgemeinen Wehrpflicht, bedeutet, wenn es allgemein würde, die größte Gefahr für den Frieden und den wahrhaften geschichtlichen Krieg, nämlich den Verzicht der Massen auf Krieg, mit dem ungewollten Ergebnis, eines Tages beherrschtes Objekt dieser soldatischen Minderheiten zu werden. Die Möglichkeit des Krieges wird jedenfalls nicht durch den Verzicht der überwältigenden Mehrheit auf Wehrhaftigkeit ausgeschaltet. Wenn auch das militärische Pathos auf den Krieg hin unwahrhaftig geworden ist, so ist jetzt die geistige Situation, in dem bitteren Ernst des Unausweichlichen diejenige Gestalt wehrhaften Sinns zu finden und zu verwirklichen, ohne welche alles andere verloren ist. Wer vor dem Trubel des forzierten, überschwänglichen militärischen Geredes und vor den Instinkten triebhafter Verwirrtheit im angstvollen Verdecken des noch Wirklichen dennoch sehenden Auges Mut behält, und den Weg der Wehrhaftigkeit findet, den die anderen mit ihm gehen können, der wäre der Schöpfer der menschlichen Substanz, welche die Zukunft trägt. Auf keinen Fall wäre es ein rein militärischer Mut, sondern dieser als zuverlässiges Glied in dem tieferen Mut, welcher sich in die Mitwissenschaft des Ganzen setzen und aus der durch dieses Wissen erhellten Verantwortung auf den Wegen handeln kann, an deren Ende erst die Möglichkeit aber nicht die Notwendigkeit der Gewalt steht.

Die Situation scheint den Anspruch zu erheben, aktiv zu werden im geistigen Kampf für oder gegen den Krieg in Friedenszeiten. Jedoch ist diese Alternative vor dem unfaßlichen Ganzen des menschlichen Schicksals nicht zu halten, außer bei einer Sicherung des Friedens aller durch die Macht eines einzigen, wenn man sich dieser fügen will. Die Schwierigkeit ist die Verschleierung auf allen Seiten. Die zum Kriegswillen erregenden Schaustellungen militärischer Dinge zeigen nicht die Bevölkerung bei Gasangriffen, nicht den Hunger und das wirkliche Sterben. Die pazifistischen Argumente verschweigen, was es heißt, versklavt zu werden und zu leben nach dem Grundsatz, keinen Widerstand zu leisten. Beide verdecken den Untergrund des Bösen, das der dunkle Ausgang aller Kräfte ist, welche am Ende im Krieg sich entladen: das eigene Dasein fraglos für das Bessere, für das einzig Wahre zu halten; die Unfähigkeit, sich auf den Standpunkt und in die Situation des anderen zu stellen, ohne sich selbst zu verraten; die Furcht, welche Sicherheit will, und sie nur in der Übermacht über alle anderen findet; die Lust an der Macht als solcher; die Unwahrhaftigkeiten gegen sich und andere, so daß das Leben eine Verwirrung ist, aus dem blindes Behaupten, unbefragbare Leidenschaft, und dann der Trieb ins Dunkel den gewaltsamen Ausweg sucht. Die Menschlichkeit ist nicht eigentlich wirklich, sondern unter Bedingungen gestellt, bei deren Aufhören die Wildheit tierischen Eigenwillens durchbricht als das sich den Vorrang gebende Dasein, wie zwischen einzelnen Menschen in den furchtbaren entschleiernden Augenblicken, so zwischen den Staaten.

Wehrhaftigkeit in militärischer Exekution könnte allerdings in der kommenden Welt einmal bis an die Grenze der Unsichtbarkeit verschwinden. Denn in der Verflechtung der Staaten gibt es Macht, die imstande ist zu herrschen ohne Form der Herrschaft und ohne auffallende militärische Mittel. Der Form nach souveräne Staaten sind faktisch in restloser Abhängigkeit. Es ist eine Frage, wie heute Gewinn und Ausübung der Weltherrschaft anders als jemals aussehen kann. Das Augenfällige kann das historisch Gleichgültige sein. Aber irgendwo ist doch der Punkt, wo wenigstens die Möglichkeit siegreicher Gewaltanwendung das Ganze trägt.

In dieser Situation will der in eine Mitwissenschaft des Ganzen Gekommene im Kampf entweder an geschichtlich relevanter Stelle, d. h. für das Werden eines echten Menschseins mitwirken oder gar nicht politisch kämpfen. Periphere Kämpfe, die im Resultat nur Zerstörungen ohne historische Wirkung bedeuten, sind gegen seine Würde. Denn die Unbedingtheit im Wagnis des Lebens ist nur möglich, wo es um die Weise des Menschseins, welche leben soll, geht, also um eigentliches geschichtliches Schicksal, nicht schon, wo nur Interessen von Staatsgebieten und Wirtschaftskörpern in Frage stehen.

Die Wirklichkeit jedoch verlangt anderes. Was das Ganze ist, über die jeweilige Perspektive in einer Situation hinaus, bleibt unfaßlich. Daß die Weltgeschichte das Weltgericht sei, die Überzeugung Schillers und Hegels, werden wir heute kaum noch glauben. Verwirklichung im Scheitern kann so wirklich sein wie im Erfolg. Was vor der Transzendenz den Vorrang hat, kann niemand wissen.

Das Ganze ist eine Spannung des Unvereinbaren. Es ist für uns kein Gegenstand, sondern in unbestimmtem Horizont die Stätte der Menschen als selbstseiender Existenzen, ihrer Schöpfungen als sichtbarer Gebilde, der Verherrlichung eines Übersinnlichen im Sinnlichen — und alles wieder versinkend in den Abgrund des Nichtmehrseins.

Es kann sein, daß die Freiheit des Menschen nur bleiben und die Erfahrung ihres Seins ins Unabsehbare erweitern kann, wenn die Unlösbarkeit der Spannung besteht. Der Diktator sowohl wie die schicksalslose Massenversorgung führen in die Maschinerie, in der der Mensch als Mensch nicht mehr leben würde. Eine Form der Lösung in der Einheit kann wohl die Sehnsucht unseres Ruhebedürfnisses sein. Was wir aber wollen müßten, wenn man es wollen könnte, ist, daß das, was wir als die Lösung erstreben, niemals eintrete. Im Politischen ist die Paradoxie, daß nicht sich vollenden darf, wofür sich doch alle Kräfte einsetzen möchten.

3. Erziehung.

Erziehungssinn. — Der Mensch ist nicht allein durch biologische Vererbung, sondern wesentlich jeweils Werden durch Überlieferung. Seine Erziehung ist dieser an jedem einzelnen zu wiederholende Prozeß. Durch die faktische geschichtliche Welt, in der der einzelne aufwächst, darin dann durch planmäßige Erziehung seitens der Eltern und der Schule, durch frei zu nutzende Anstalten und schließlich lebenslang durch alles, was er hört und erfährt, fließt ihm zu, was, zusammengenommen in die Aktivität seines eigenen Wesens, seine Bildung gleichsam als seine zweite Natur erst wird.

Bildung bringt den einzelnen durch sein eigenes Sein in die Mitwissenschaft des Ganzen. Statt unbeweglich an seinem Orte zu haften, tritt er in die Welt, so daß sein Dasein in der Enge doch von allem beseelt werden kann. Der Mensch vermag um so entschiedener er selbst zu werden, je klarer und erfüllter die Welt ist, mit der seine eigene Wirklichkeit eins wird.

Wenn die Substanz des Ganzen fraglos gegenwärtig ist, dann hat die Erziehung, gebunden an feste Form, ihren selbstverständlichen Gehalt. Sie bedeutet den strengen Ernst, mit dem jeweils die neue Generation hineingeholt wird in den Geist des Ganzen als die Bildung, aus der gelebt, gearbeitet, gehandelt wird. Die persönliche Leistung des Erziehers ist als solche kaum bewußt. Ganz in der Sache dient er, ohne Experimente machen zu müssen, dem Strom des Menschwerdens, der in der Regelmäßigkeit einer sicheren Kontinuität dahinfließt.

Wenn aber die Substanz des Ganzen fragwürdig geworden sich in der Auflösung befindet, so wird die Erziehung unsicher und zersplittert. Sie bringt die Kinder nicht mehr an die Größe eines alle umfassenden Ganzen heran, sondern vermittelt vielerlei. Die persönliche Leistung des Lehrers tritt hervor, wird betont, und ist doch zugleich unmöglich, sofern sie nicht getragen ist von einem Ganzen. Es werden Versuche gemacht und kurzatmig Inhalte, Ziele, Methoden gewechselt.

Eine Unruhe bemächtigt sich der Welt; ins Bodenlose gleitend fühlt man, daß alles daran liege, was aus der kommenden Generation werde. Man weiß, daß Erziehung das kommende Menschsein bestimmt; Verfall der Erziehung wäre der Verfall des Menschen. Aber die Erziehung verfällt, wenn die geschichtlich überkommene Substanz in den Menschen, welche in ihrer Reife die Verantwortung tragen, zerbröckelt. Die Sorge um diese Substanz wird zum Bewußtsein der Gefahr ihres absoluten Verlustes. Der eine greift zurück und will, was ihm selbst schon nicht mehr unbedingt ist, den Kindern als absolut vermitteln. Der andere verwirft diese geschichtliche Überlieferung und treibt Erziehung, als ob sie zeitlos in der Schulung von technischem Können, Erwerb realen Wissens, und in der Orientierung über die gegenwärtige Welt beschlossen sei. Jeder weiß, daß, wer die Jugend gewinnt, die Zukunft hat.

Symptom der Unruhe unserer Zeit um die Erziehung ist die Intensität pädagogischen Bemühens ohne Einheit einer Idee, die unabsehbare jährliche Literatur, die Steigerung didaktischer Kunst, die persönliche Hingabe einzelner Lehrer in einem Maße, wie sie kaum jemals war. Doch ist vorläufig das Charakteristische unserer Situation die Auflösung substantieller Erziehung zugunsten eines endlosen pädagogischen Probierens, einer Zersetzung in gleichgültige Möglichkeiten, einer unwahren Direktheit des Unsagbaren. Es ist, als ob die Freiheit des Menschen, die errungen wurde, sich selbst aufgebe in der leeren Freiheit des Nichtigen. Ein Zeitalter, das sich selbst nicht vertraut, kümmert sich um Erziehung, als ob hier aus dem Nichts wieder etwas werden könnte.

Kennzeichnend ist die Rolle der Jugend. Wo aus dem Geiste eines Ganzen die Erziehung substantiell ist, ist Jugend an sich Unreife. Sie verehrt, gehorcht, vertraut und hat als Jugend keine Geltung; denn sie ist Vorbereitung und mögliches Berufensein für eine Zukunft. In der Auflösung aber gewinnt die Jugend Wert an sich selbst. Von ihr wird geradezu erwartet, was in der Welt schon verloren ist. Sie darf sich als Ursprung fühlen. Schon die Kinder sollen mitreden bei der Schulordnung. Es ist, als ob an die Jugend der Anspruch gehe, von sich aus zu schaffen, was die Lehrer nicht mehr besitzen. Wie die Staatsschulden kommenden Generationen aufgebürdet werden, so die Folgen der Vergeudung geistigen Gutes, das sie sich von neuem erwerben sollen. Jugend bekommt ein unwahres Gewicht und muß versagen, weil der Mensch nur werden kann, wenn er in der Kontinuität von Jahrzehnten wächst und in Strenge durch eine Folge von Schritten gebildet wird.

Wenn nach solcher Erziehung, im Durcheinander von Gleichgültigem und Zufälligem, der Erwachsene noch nicht in eine Welt aufgenommen ist, sondern verlassen bleibt, und dessen sich be=

wußt wird, ist die Forderung der Erwachsenenbildung ein Zeichen der Zeit. Früher handelte es sich dem Erwachsenen gegenüber nur um ein Vermitteln von Wissen für breitere Kreise; Problem war die Möglichkeit des Popularisierens. Heute ist die Frage gestellt, wie aus dem Ursprung gegenwärtigen Daseins in der Gemeinschaft von Volksbildnern, Arbeitern, Angestellten, Bauern neue Bildung geschaffen, nicht alte verwässert werde. Der Mensch in seiner Verlassenheit soll sich nicht nur in der Wirklichkeit begreifend zurechtfinden, sondern wieder einer Gemeinschaft angehören, welche über Berufsangehörigkeit und Parteigemeinschaft hinaus den Menschen mit dem Menschen als solchen zusammenbringt; es soll wieder ein Volk werden. Die Fragwürdigkeit von allem, was mit der Erwachsenenbildung in diesem Sinn erreicht wurde, kann nicht hindern, den Ernst der gestellten Aufgabe zu fassen. Wenn alles, was Idee war, an der Wirklichkeit der Zeit zerschellt, so wird der Aufschwung in der Situation zu einem vielleicht unerfüllbaren Anspruch, aber als Anspruch der gebliebene Rest von Menschenwürde. Wenn es kein Volk mehr gibt, in dem der einzelne eine selbstverständliche Zugehörigkeit fühlt — oder dieses Volk doch nur in Trümmern da ist —, wenn alles Masse wird in dem unerbittlichen Auflösungsprozeß, so mag das Werden eines neuen Volkes utopischer Inhalt romantischer Sehnens sein. Aber der Antrieb behält sein Recht. Vorläufig gibt es jedoch nur Kameradschaft von Freunden, die physiognomisch sichtbare Wirklichkeit einzelner Menschen, den Willen zur Kommunikation mit dem Fremden, ursprünglich anders Gesinnten. Daher ist die Erwachsenenbildung in dem heute ergriffenen Sinn nicht Wirklichkeit, sondern als Forderung ein Symptom der Verlorenheit des Menschen in der Bildungszertrümmerung des Zeitalters, dessen Erziehung versagte.

Staat und Erziehung. — Der Staat ist durch seine Macht der Garant einer jeweiligen Form der Massenordnung.

Masse an sich weiß nicht, was sie eigentlich will. Massen-

Massenschätzungen durchsetzt die Unterscheidung von Lehre und Zucht, von dem, was allen verständlich ist, und dem, was einer sich selbst durch Disziplin des inneren Handelns erwählenden Elite zugänglich wird.

Die Erziehung ist jedoch abhängig von dem ursprünglichen Leben einer geistigen Welt. Erziehung kann nicht aus sich selbst bestehen; sie dient der Überlieferung dieses Lebens, das in der Haltung des Menschen unmittelbar erscheint, seine bewußt gewordene Stellung zur Wirklichkeit von Daseinsfürsorge und Staat ist und in der Aneignung der geschaffenen geistigen Werke sich aufschwingt. Das Schicksal des Geistes in unserem Zeitalter muß den Gehalt der noch möglichen Erziehung bestimmen.

# Vierter Teil: Verfall und Möglichkeit des Geistes.

Der Staat war als Daseinswirklichkeit die Grenze, an der ein Mehr als Dasein dieses durch den Willen im Ganzen bestimmte. Jedoch der Staat ist wohl durch Macht letzte Instanz der Entscheidung im Dasein, nicht aber das Letzte für den Menschen selbst. Er kommt in ihm nicht zur Ruhe. Auch wenn er sich mit ihm identifiziert, bleibt ihm das Ganze noch fragwürdig; denn für ihn bleibt der Staat immer nur ein Zwischensein in der unvollendbaren Bewegung durch die Zeit. Aber wenn der Staat, zum bloßen Diener der Massenordnung geworden, jeden Bezug auf echtes Schicksal verloren hat, und wenn er in dieser Abhängigkeit die Möglichkeit des Menschen als Existenz in Arbeit, Beruf, geistiger Schöpfung verrät, so muß der Mensch als Selbstsein sich innerlich sogar gegen den Staat stellen. Zwar kann die durch Macht eines Staats bestehende Daseinsordnung nie preisgegeben werden, weil mit ihr alles ruiniert würde; es kann aber ein Leben in radikaler Opposition entstehen mit der Grundfrage, wie dieser Ordnung wieder Herr zu werden sei.

Da der Mensch in der Verwirklichung eines Daseinsganzen keine Vollendung findet, baut er sich im Fluge über das Dasein hinaus in dem Raum, worin er sich in allgemeiner Gestalt seines Seins kommunikativ gewiß wird, eine zweite Welt, die des Geistes. Zwar ist er auch als geistiges Sein gebunden an seine Daseinswirklichkeit, aber in seinem Aufschwung übergreift er diese; sich einen Augenblick loslösend von der bloßen Wirklichkeit, kehrt er in sie zurück als das Sein, das er im Sehen und Schaffen des Geistes geworden ist.

Aus solchem Ursprung wird die zweite Welt in der ersten hervorgebracht und gefunden: Der Mensch kommt mit dem Wissen seines Seins über sein nur gegebenes Dasein hinaus. Im Medium seiner Bildung vollzieht er den geistigen Prozeß, zu dem die jeweils bestimmte Tätigkeit der Daseinssorge vermöge des Sinns der sie durchdringenden Idee wird. In den Werken der Kunst, Wissenschaft und Philosophie schafft sich der Geist seine Sprache.

Das Schicksal des Geistes steht in der Polarität von Daseinsabhängigkeit und Ursprünglichkeit. Er wird verloren sowohl in bloßer Abhängigkeit wie in imaginärer Unwirklichkeit. Ist er in den Daseinswirklichkeiten deren Idee gewesen, so kann diese sterben und, was Geist war, in Residuen als Hülse, Maske und bloßer Reiz fortbestehen.

In unserem Zeitalter der Massenordnung, Technik, Ökonomik ist, wenn diese Unausweichlichkeiten verabsolutiert werden, mit dem Menschsein der Geist in der Gefahr, in seinem Grunde zerstört zu werden: Wie der Staat als Bundesgenosse des Menschen erlahmen kann, so auch der Geist, wenn er nicht mehr aus eigenem Ursprung ein wahrhaftiges, sondern im Dienst der Massen in endlicher Zweckhaftigkeit ein für diese verfälschtes Leben lebt.

1. Bildung.

Bildung als Lebensform hat zu ihrem Rückgrat Disziplin als Denkenkönnen und zu ihrem Raum Bildung als Wissen. Anschauung von Gestalten des Gewesenen, Erkenntnis als zwingend gültige Einsichten, Kenntnis von Sachen und Zuhausesein in Sprachen sind ihr Stoff.

Bildung und Antike. — Bildung ist im Abendlande für breitere Schichten, in Distanz zur Masse, bis heute nur auf dem einzigen Wege des Humanismus geglückt, während für einzelne auch andere Wege möglich gewesen sind. Wer in der Jugend Griechisch und Lateinisch lernte und die antiken Autoren las, wer Mathematik in sich aufnahm, die Bibel und wenige der großen Dichter der eigenen Nation kennen lernte, ist erfüllt von einer Welt, die ihm in ihrer unendlichen Beweglichkeit und Offenheit einen unverlierbaren Gehalt gibt, und die Zugänglichkeit alles anderen möglich macht. Aber diese Erziehung ist durch ihre Verwirklichung sogleich eine Auslese. Nicht jeder kommt in ihr zu dem, worauf es ankommt, viele versagen und haben in ihr nur äußerlich gelernt. Nicht spezifische Begabung für Sprachen oder für mathematisches Denken oder für Realien entscheidet, sondern die Bereitschaft, geistig ergriffen zu werden. Humanistische Erziehung ist jeweils die des einzelnen, welcher sich durch sein Sein im Werden mit ihr selbst ausliest. Nur diese Erziehung hat daher die wunderbare Eigenschaft, daß auch schlechte Lehrer allenfalls ein Ergebnis erreichen können. Wer als Schüler die Antigone liest und nur Grammatik und Metrik vorgesetzt bekommt, und sich gegen diesen Unterricht sträubt, kann doch ergriffen sein, weil der Text selbst vor ihm liegt.

Fragt man, warum denn dieser eine Weg solchen Vorzug haben soll, so ist die Antwort nur geschichtlich zu geben, nicht durch irgendeine rational einleuchtende Zweckhaftigkeit. Die Antike hat faktisch begründet, was wir im Abendlande als Menschen sein können. In Griechenland ist der Bildungsgedanke zum erstenmal so verwirklicht und begriffen, wie er seitdem für jeden, der ihn versteht, gültig ist. Jeder große Aufschwung des Menschseins ist im Abendland durch eine neue Berührung und Auseinandersetzung mit der Antike geschehen. Wo sie vergessen wurde, trat Barbarei ein. Wenn haltlos schwanken muß, was sich von seinem Grunde löst, so wir, wenn wir die Antike verlieren. Unser wenn auch stets verwandelter Grund ist das Altertum, erst in zweiter Linie und ohne autonome Bildungskraft die Vergangenheit des eigenen Volkes. Wir sind Abendländer in der jeweiligen Zugehörigkeit zu einem Volkstum, welches durch eine spezifische Aneignung des Altertums so geworden ist. Diese Bildung ist heute von dem Massenwillen bestenfalls nur noch zugelassen. Die Zahl der Menschen, denen sie etwas bedeutet, wird immer geringer.

Nivellierte Bildung und spezialistisches Können. — Im Dasein der Massenordnung nähert sich die Bildung aller den Ansprüchen des durchschnittlichen Menschen. Geistigkeit verfällt durch Ausbreitung in der Masse, wenn eine Rationalisierung bis zur platten augenblicklichen Zugänglichkeit für den bloßen Verstand den Verarmungsprozeß in jede Weise des Wissens bringt. Mit der nivellierenden Massenordnung verschwindet die Bildungsschicht, welche auf Grund kontinuierlicher Schulung eine Disziplin des Denkens und Fühlens entwickelt hat, aus der sie Widerhall für geistige Schöpfungen sein konnte. Der Massenmensch hat wenig Zeit, lebt kein Leben aus einem Ganzen, will nicht mehr die Vorbereitung und Anstrengung ohne den konkreten Zweck, der sie in Nutzen umsetzt; er will nicht warten und reifen lassen; alles muß sogleich gegenwärtige Befriedigung sein; Geistiges ist zu den jeweils augenblicklichen Vergnügungen geworden. Daher ist der Essay die geeignete Literaturform für alles, tritt Zeitung an die Stelle des Buches, eine stets andere Lektüre an die Stelle der das Leben begleitenden Werke. Man liest schnell. Man will Kürze, doch nicht die, welche Gegenstand erinnernder Meditation werden kann, sondern um zur schnellen Vermittlung dessen zu gelangen, was man wissen will und sogleich wieder vergessen darf. Man kann nicht mehr eigentlich lesen in geistiger Einung mit dem Gehalt.

Nunmehr bedeutet Bildung etwas, das nie eine Form gewinnt, sondern in außerordentlicher Intensität aus einer Leere herauskommen möchte, in die man stets zurückfällt. Es treten typische Wertschätzungen auf. Man ist übersättigt schon von dem, was man eben gehört hat; daher ist das Neue gesucht, das schon allein durch Neuheit besticht. In ihm begrüßt man das Ursprüngliche, auf das man

Bildung.

wartet, und läßt es doch bald wieder fahren, da man es nur als Sensation zu behandeln vermag. Weil man so aus dem begründeten Bewußtsein, in einem Zeitalter zu stehen, das als eine neue Welt erwächst, in der Vergangenes nicht mehr ausreicht, sich an das Neue als solches klammert, gibt man gern diesen Namen, um etwas wirksam zu machen: das neue Denken, das neue Lebensgefühl, die neue Körperkultur, die neue Sachlichkeit, die neue Wirtschaftsführung usw. Etwas sei neu, wird ein positives, es sei nicht neu, ein abschätziges Werturteil. — Hat man auch nichts zu sagen, so hat man doch Verstand und kann diesen an schwierigen Aufgaben als bloßem Widerstand beschäftigen; daß einer intelligent sei, was noch nichts bedeutet, wird eine Bewertung, die jetzt das Geistsein möglicher Existenz vertreten muß. — Man hat keine Nähe zum Menschen, kann nicht lieben, sondern nur nutzen, Genossen und Feinde in abstrakter Theorie oder in handgreiflichen Daseinszwecken haben; der einzelne aber wird geschätzt als interessant; nicht als er selbst, sondern als Reiz ist er da; der Reiz hört auf, wenn er nicht mehr überrascht. — Gebildet heißt, wer die Fähigkeit zu diesem allem hat, neu, intelligent und interessant erscheint. Das Feld dieser Bildung ist die Diskussion, welche heute Massenerscheinung geworden ist. Jedoch könnte Diskussion statt des Vergnügens, das in jenen drei Wertschätzungen ausgesprochen wird, nur dann wahre Befriedigung gewähren, wenn sie auch echte Kommunikation als Ausdruck eines Glaubenskampfes oder als Mitteilung von Erfahrungen und Erkenntnissen ist, welche einer gemeinschaftlich konstituierten Welt angehören.

Die Massenverbreitung des Wissens und seines Ausdrucks führt zur Abnutzung der Worte und Sätze. In dem Bildungschaos läßt sich alles sagen, aber so, daß nichts mehr eigentlich gemeint wird. Die Unbestimmtheit des Wortsinns, ja der Verzicht auf die Begrifflichkeit, die erst Geist mit Geist verbindet, macht eine wesenhafte Verständigung unmöglich. Wenn der halt an echten Inhalten verloren gegangen ist, wird schließlich bewußt die Sprache als Sprache ergriffen und zum Gegenstand der Absicht gemacht. Wenn ich eine Landschaft sehe durch eine Scheibe und diese trübe wird, so sehe ich zwar immer noch, aber gar nicht mehr, wenn ich die Scheibe selbst ins Auge fasse. Heute wird gemieden, durch die Sprache auf das Sein zu blicken, vielmehr das Sein mit der Sprache vertauscht. Das Sein soll „ursprünglich" sein, also meidet man jedes gewohnte Wort, zumal die hohen Worte, welche Träger von Gehalten waren und sein könnten. Das ungewohnte Wort und die ungewohnte Wortstellung müssen ursprüngliche Wahrheit vortäuschen, neu in den Worten zu sein, Tiefe. Geist scheint im Umbenennen zu bestehen. Man ist für einen Augenblick durch das Überraschende einer Sprache gefesselt, bis auch sie schnell abgenutzt ist, oder sich als Larve erweist. Die Reduktion auf die Sprache ist wie krampfhafte Anspannung, um im Bildungschaos Form zu finden. So wird heute die Erscheinung der Bildung entweder das unverstandene verwässerte Sprechen mit beliebigen Worten oder dann, Sprachlichkeit an die Stelle der Wirklichkeit setzend, eine Sprechmanier. Die zentrale Bedeutung der Sprache für das Menschsein ist durch Verkehrung der Aufmerksamkeit zum Phantom verwandelt.

In dieser unaufhaltsamen Zersetzung verstärken sich Bildungswirklichkeiten, die Wege des Aufstiegs zeigen: Wo es sich um Berufswissen handelt, ist eine exakte Fachlichkeit selbstverständlich geworden. Es ist ein spezialistisches Können verbreitet; das dazu gehörende Wissen ist durch sachnahes Eintreten in die Methoden erwerbbar und auf die einfachste Form in Resultaten gebracht. Überall sind die Oasen in dem Chaos, wo Menschen sachkundig etwas vermögen. Aber diese Sachkunde ist zerstreut; der einzelne kann nur ein einzelnes und dieses Können ist oft wie eine begrenzte Sphäre, die er nur besitzt, aber nicht mit seinem Wesen und nicht mit dem übergreifenden Ganzen eines gebildeten Bewußtseins zur Einheit bringt.

Geschichtliche Aneignung. — Es ist eine Bildungsfeindlichkeit entstanden, die den Gehalt geistigen Tuns auf das technische Können und das Aussprechen des Minimums des nackten Daseins reduziert. Diese Haltung ist das Korrelat zu dem Prozeß der Technisierung des Planeten wie des Lebens des Einzelnen, in dem die geschichtliche Überlieferung bei allen Völkern unterbrochen wird, um das ganze Dasein auf neuen Grund zu stellen: bestehen kann nur, was in die neue vom Abendland geschaffene, aber ihrem Sinn und ihrer Wirkung nach allgemeingültige Welt der technischen Ratio eintritt. Dieser Eintritt bedingt eine bis in die Wurzeln gehende Erschütterung des Menschseins. Der Bruch ist im Abendland der tiefste, der dort je erfahren wurde; aber weil er vom Abendland selbst in seiner geistigen Entfaltung geschaffen ist, steht er hier in der Kontinuität einer Welt, zu der er gehört. Für alle anderen Kulturen aber kommt er von außen wie eine Katastrophe. Nichts kann in alter Gestalt fortbestehen. Die großen Kulturvölker Indiens und Ostasiens stehen nun mit uns vor derselben Grundfrage. Sie müssen in der Welt der technischen Zivilisation mit ihren soziologischen Bedingungen und Folgen sich verwandeln oder zugrunde gehen. Während eine Bildungsfeindlichkeit das Gewesene zertrümmert, übermütig, als ob nun die Welt von vorn anfange, kann in der Umgestaltung die geistige Substanz nur bewahrt werden durch eine Weise geschichtlicher Erinnerung, welche als solche nicht ein bloßes Wissen von Vergangenem, sondern gegenwärtige Lebensmacht ist. Ohne sie würde der Mensch Barbar. Die Radikalität der Krise unseres Zeitalters verblaßt vor der ewigen Substanz, an deren Sein Erinnerung Teil gewinnt als an dem Unsterblichen, das jederzeit da sein kann.

Die Feindlichkeit gegen das Vergangene gehört daher zu den Geburtswehen des neuen Gehalts der Geschichtlichkeit. Diese wendet sich selbst gegen den Historismus als eine falsche Geschichtlichkeit, sofern er zum unechten Bildungssurrogat wurde. Denn Erinnern als bloßes Wissen von Vergangenem sammelt nur endloses antiquarisches Kennen; Erinnern als verstehendes Anschauen verwirklicht Bilder und Gestalten nur als ein unverbindliches Gegenüberstehen; erst Erinnern als Aneignen schafft die Wirklichkeit des Selbstseins eines gegenwärtigen Menschen zuerst in der Ehrfurcht, dann in dem Maßstab für sein eignes Fühlen und Tun, zuletzt in der Teilnahme an einem ewigen Sein. Das Problem der Weise des Erinnerns ist ein Problem der jetzt noch möglichen Bildung.

Dem Wissen von Vergangenem dienen überall verbreitete Institutionen. Der Umfang, in dem die moderne Welt sich um sie kümmert, zeigt einen tiefen Instinkt, der trotz allen Zerstörens wenigstens die Möglichkeit der geschichtlichen Kontinuität nicht abreißen lassen will. In Museen, Bibliotheken, Archiven werden die Werke der Vergangenheit bewahrt mit dem Bewußtsein, ein Unersetzliches zu hüten, selbst wenn es im Augenblick noch nicht verstanden wird. Alle Parteien, Weltanschauungen und Staaten sind heute einig in diesem Tun, dessen bewahrende Treue noch nie eine so allgemeine und selbstverständliche Sicherheit hatte. Die Reste der Geschichte genießen an allen Erinnerungsstätten Schutz und Pflege. Was einmal groß war, lebt als historische Mumie einer Lokalität fort und wird Reiseziel. Orte, welche einmal Weltgeltung hatten und den Stolz republikanischer Unabhängigkeit verwirklichten, leben nun von der Fremdenindustrie. Europa wird gleichsam ein großes Museum der Geschichte des abendländischen Menschen. In der Neigung zu historischen Gedenktagen, Feiern von Gründungen der Staaten, Städte, Universitäten, Theater, der Geburts- und Sterbetage geltender Namen wirkt die Erinnerung zwar noch ohne gehaltvolle Erfüllung, aber doch als Symptom des Willens zur Bewahrung.

Nur bei einzelnen geht wissende Erinnerung über in das verstehende Anschauen. Es ist, als ob der Mensch die

Gegenwart verlasse und im Vergangenen lebe. Was schon sein Ende hatte, lebt noch als inhaltliches Bildungselement. Das Panorama der Jahrtausende ist wie ein Raum seliger Kontemplation. Das 19. Jahrhundert hat dieses Verstehen zu einer vorher nie erreichten Weite und Objektivität gebracht: Eine Leidenschaft des Anschauens befreite von der elenden Gegenwart im Blick auf das Größte, was Menschen vermocht haben. Es konstituierte sich eine Bildungswelt, die in die Tradition eines bloßen Lebens in Büchern und Zeugnissen der Vergangenheit überging. Blasser gaben die Epigonen der ersten Schauenden das Gesehene weiter. Was einmal als ursprüngliches Sehen der Gestalten da war, bewahren Epigonen der Epigonen, noch fasziniert von dem Reichtum der im Verstehen hingestellten Welt, wenigstens in Wort und Lehre.

Aber antiquarische Kunde und anschauliches Verstehen haben ihr Recht zuletzt nur als die Leitbilder gegenwärtig möglicher Verwirklichung. Das Geschichtliche wird angeeignet nicht als bloßes Wissen von etwas; nicht als ein Besseres, das wiederherzustellen wäre, weil es nicht hätte sterben dürfen. Aneignung ist allein in einer das Vergangene verwandelnden Wiedergeburt des Menschseins vermöge des Eintritts in einen geistigen Raum, in dem ich aus eigenem Ursprung ich selbst werde. Diese Bildung im Aneignen des Vergangenen dient nicht dazu, das Gegenwärtige als das Minderwertige zu vernichten, um ihm auf billige Art zu entfliehen; sondern um durch den Blick auf die Höhen nicht zu verlieren, was ich auf dem Weg zu dem Gipfel der mir möglichen Wirklichkeit gegenwärtig suchen kann.

Was zu neuem Besitz ergriffen wird, wird auch neu zu anderer Gegenwart erzeugt. Unwahre Geschichtlichkeit bloß verstehender Bildung ist der Wille zur Wiederholung, die wahre aber die Bereitschaft, die Quelle zu finden, welche jedes und darum auch das gegenwärtige Leben nährt. Dann entsteht ohne Absicht und Plan echte Aneignung; unabsehbar ist, welche verwirklichende Macht der Erinnerung innewohnt. Die heutige Situation mit ihrer Gefahr des Abreißens der Geschichte fordert auf, die Möglichkeit dieser Erinnerung bewußt zu ergreifen. Denn mit deren Zerschlagen würde der Mensch sich selbst vernichten. Wenn in die maschinelle Welt der Daseinsordnung der Massen die neuen Generationen eintreten, so finden sie heute als Mittel der Erinnerung die Bücher, Baudenkmäler und Werke bis zu den Besonderheiten des Hausrats aller vergangenen Welt neben der Vermittlung der Tatsachen ihrer eigenen Herkunft in einer so allgemein noch nie dagewesenen Zugänglichkeit vor. Es fragt sich, was Existenz in ihrer Geschichtlichkeit daraus macht, indem sie sich darin findet.

Bildung als das bloße Kennen und Verstehen konnte eine Wiederherstellung dessen, was unwiederbringlich ist, romantisch wünschen, und darüber vergessen, daß jede historische Situation nur ihre eigenen Verwirklichungsmöglichkeiten kennt. Dagegen stand die Redlichkeit karger Lebenshaltung, die in dem Raum des geschichtlich Angeschauten nur wollte, was in ihr selbst unbedingt und darum verbindlich für ihr Tun war. Wahre Bildung will lieber in einem Minimum von Aneignung ursprünglich selbst sein, als in der großartigsten Welt sich in Verwechslungen verlieren. Aus diesem Antrieb scheint der Sinn für das Wahrhaftige und für das existentiell Ursprüngliche auch gegenüber der Geschichte gewachsen zu sein. Nicht mehr der Reichtum des Mannigfaltigen allein, sondern vor allem die einzigen Gipfel, von denen her der Mensch für alle Zeiten spricht, wurden wieder entscheidend. Das heute Karge eint sich dem Großen. Die Desillusionierung, welche romantische Schwärmerei im Zusammenstoß mit der Wirklichkeit heutigen Daseins erfahren mußte, setzt sich um in den illusionslosen Blick auf das Echte, das zugleich Fülle war.

Presse. — Die Zeitung ist das geistige Dasein unseres Zeitalters als das Bewußtsein, wie es in den Massen sich verwirklicht. Anfänglich Dienerin durch Vermittlung von Nachrichten ist sie

Herrscherin geworden. Sie schafft ein Lebenswissen in allgemein zugänglicher Bestimmtheit im Unterschied von Fachwissen, das seine nur für den Kenner erfaßbare Deutlichkeit in einer den anderen unzugänglichen Terminologie hat. Die Artikulation dieses Lebenswissens, jeweils als Bericht entstehend, das Studium fachlichen Wissens als Durchgangspunkt hinter sich lassend, wird als die anonyme noch werdende Bildung des Zeitalters geschaffen. Zeitung als Idee wird zur Möglichkeit einer großartigen Verwirklichung der Bildung der Massen. Sie meidet leere Allgemeinheiten, das bloße Aggregat des Äußerlichen, um zur anschaulichen, unmerklich konstruktiven, prägnanten Vergegenwärtigung der Tatbestände zu kommen. Sie umgreift, was überhaupt geistig entsteht, bis in entlegenste esoterische Spezialwissenschaft und sublimste persönliche Schöpfung. Sie scheint noch einmal zu schaffen, indem sie aus eigener Sachnähe in das Bewußtsein der Zeit bringt, was sonst wirkungsloser Besitz einzelner bliebe. Sie macht verständlich in der Umprägung, welche das Fachliche dem von jedermann selbst zu Sehenden vermählt. Die antike Literatur, welche eine im Vergleich zu der unseren kleine, durchsichtige und einfache Welt für diese selbst plastisch und ausdrücklich machte, könnte Vorbild sein und ist es für einzelne gewesen. Eine Humanitas, welche, nach allen Seiten aufgeschlossen, unmittelbar selbst die Dinge sehen kann, ist ihr Wesen. Der Anspruch der Welt, die erkannt sein will, ist aber heute ein vermöge der unermeßlichen Verwicklung des Tatsächlichen radikal anderer.

Im Schutt des täglich Gedruckten den Edelsteinen einer zur wunderbarsten Kürze geschliffenen Einsicht in der vollendeten Sprache schlichten Berichtes zu begegnen, ist eine hohe, wenn auch nicht häufige Befriedigung des modernen Menschen. Sie sind das Ergebnis der geistigen Disziplin, die sich hier auswirkt und unmerklich am Bewußtsein des gegenwärtigen Menschen arbeitet. Die Achtung vor dem Journalisten wächst, wenn man sich den Sinn des Sagens für den Tag klar macht. Was gegen=

wärtig geschieht, soll nicht nur mit Geistesgegenwart aufgefaßt werden; es kommt darauf an, es auszusprechen für Hunderttausende. Das dem Augenblick entsprungene Wort hat Wirkung. Es ist die lebensnächste Leistung, die den Lauf der Dinge zu ihrem Teil in der Hand hat, weil sie in den Vorstellungen, die die Menschen als Masse haben, ansetzt. Was wohl beklagt wird, sofern man ein Druckwerk nach dem Umkreis und der Dauer seiner Wirkung auf den Leser mißt, das Arbeiten für den Tag, kann heute grade die aktive Teilnahme auch an der eigentlichen Wirklichkeit sein. Daher gibt es die eigentümliche Verantwortung des Journalisten, die ihm Selbstgefühl und Ehre in seiner Verborgenheit gibt. Er weiß seine Macht, inmitten der Ereignisse das Hebelwerk in den Köpfen der Menschen zu meistern. Er wird Mitschöpfer des Augenblicks, indem er das jetzt zu Sagende findet.

Seine höchste Möglichkeit aber kann sich zur Verkommenheit wandeln. Zwar gibt es keine Krise der Presse. Ihr Reich ist gesichert. Kampf ist in diesem Reiche nicht um den Bestand seiner Herrschaft, nicht der gegen den jeweiligen Gegner, sondern um die Entscheidung, ob die Macht eines unabhängig gegenwärtigen Geistes noch wird leben dürfen oder versinken muß. Daß von der Geistesgegenwart des Augenblicks manchmal nur eine gewandte Schnellschreiberei übrig bleibt, ist begreiflich und als unvermeidlich hinzunehmen. Das Furchtbare der Zeitsituation ist vielmehr, daß die mögliche Verantwortung und das geistige Schöpfertum im Journalismus durch seine Abhängigkeit von Massenbedürfnissen und politisch-ökonomischen Mächten in Frage gestellt ist. Man hört das Wort, in der Presse sei es nicht möglich, geistig anständig zu bleiben. Um Absatz zu finden, muß der Instinkt der Millionen auf seine Kosten kommen; Sensation, Plattheit für den Verstand, Meiden jeden Anspruchs an den Leser führt zu einer Trivialisierung und Brutalisierung von allem. Um leben zu können, muß die Presse sich immer mehr in den Dienst politischer und ökonomischer Mächte stellen. In der Hand dieser Mächte lernt sie die Kunst bewußter Lüge und der Propaganda für geistfremde Kräfte. Sie muß sich Inhalt und Gesinnung bestimmen lassen. Nur wenn eine Daseinsmacht selbst von einer Idee getragen wäre, der Journalist in seinem Wesen eins werden könnte mit dieser Macht, wäre er auf dem Wege zu seiner Wahrheit.

Die Entstehung eines Standes mit eigenem Ethos, der faktisch die geistige Weltherrschaft ausübt, ist das Kennzeichen unseres Zeitalters. Sein Schicksal ist mit dem der Welt eins. Ohne Presse kann diese Welt nicht leben. Was aus ihr wird, liegt nicht allein bei dem Leser und den faktischen Mächten, sondern an dem ursprünglichen Willen der Menschen, die durch ihr geistiges Tun den Stand prägen. Es ist die Frage, ob die Masseneigenschaften restlos alles ruinieren, was dem Menschen zu werden hier möglich wäre.

Der Journalist kann eine Idee des modernen universalen Menschen verwirklichen. Er läßt sich ganz hineinnehmen in die Spannung und Wirklichkeit des Tages, und vermag darin an sich zu halten zur Besinnung. Er sucht den Punkt, gleichsam im Innersten dabei zu sein, wo die Seele der Zeit einen Schritt tut. Sein Schicksal verflicht er bewußt in das der Zeit. Er erschrickt, leidet und versagt, wo er ins Nichts stößt. Er wird unwahrhaftig, wo er zur Zufriedenheit der meisten das, was ist, gut findet. Er nimmt seinen eigentlichen Schwung, wo er wahrhaftig in der Gegenwart das Sein erfühlt.

2. Geistiges Schaffen.

Geistige Arbeit, welche in einer Beschränkung ohne Rücksicht auf augenblickliche Forderungen der Umwelt ein Werk sucht, das besteht, hat ihr Ziel auf lange Sicht. Ein Einzelner tritt hinaus aus der Welt, um zu finden, was er ihr dann zurückbringt. Auch die Weise dieses Arbeitens scheint heute in der Gefahr des Versinkens. Wie die Wirtschaft im Staatssozialismus als Daseinsfürsorge der Massen den Staat verschleiert oder ihn mißbraucht für den Vorteil einzelner Weisen des Besitzes, so wird Kunst ein Spiel und Vergnügen (statt Chiffre der Transzendenz zu sein), Wissenschaft zum Kümmern um technische Brauchbarkeit (statt zur Befriedigung eines ursprünglichen Wissenwollens), Philosophie schulmäßige Lehre oder hysterische Scheinweisheit (statt Sein des Menschen in Frage und Gefahr durch radikales Denken).

Man kann heute sehr viel. Fast in allen Gebieten gibt es virtuose Leistungen. Es ist faktisch da, von dem man urteilt, daß es trefflich, ja außerordentlich sei. Aber es scheint nicht selten sogar dem Vollendeten ein Kern zu fehlen, durch den sonst wohl auch minder Gutes ansprechen konnte und wesentlich wurde.

Die Steigerung der geistigen Möglichkeiten scheint an sich unerhörte Aussichten zu öffnen. Aber die Möglichkeiten drohen durch immer breitere Voraussetzungen sich zu überschlagen; eine neue Jugend eignet sich das Erworbene nicht mehr an; es ist, als ob die Hände des Menschen die Ernte der Vergangenheit nicht fassen könnten.

Die sichere Begrenzung durch ein Ganzes fehlt, das vor aller Arbeit ungewußt die Wege zeigt zu einem in sich zusammenhängenden Erwerb, der reif werden kann. Seit hundert Jahren wurde es immer fühlbarer, daß der geistig Schaffende auf sich selbst zurückgewiesen ist. Zwar war Einsamkeit durch alle Geschichte die Wurzel echten Tuns; aber diese Einsamkeit stand in Relation auf das Volk, dem sie geschichtlich angehörte. Heute wird es Notwendigkeit, ein Leben ganz zu leben, als ob man allein stehe und von vorn anfinge; es scheint niemanden anzugehen, kein Feind und kein Freund umgibt es mit einem Raum. Nietzsche ist die erste große Gestalt dieser furchtbaren Einsamkeit.

Nicht getragen von den früheren und gegenwärtigen Gene=

rationen, losgelöst von einer lebenswirklichen Tradition, kann der geistige Schaffende nicht als Glied einer Gemeinschaft möglicher Vollender eines Weges sein. Er tut nicht die Schritte und zieht nicht die Folgerungen in einem ihn Übergreifenden. Ihm droht der Zufall des Beliebigen, in dem er nicht voranschreitet, sondern sich vergeudet. Aus der Welt kommt kein Auftrag, der ihn bindet. Er muß auf eigenes Risiko den Auftrag selbst sich geben. Ohne Widerhall oder mit falschem Widerhall, und ohne echten Gegner wird er sich selbst zweideutig. Aus der Zerstreuung sich zurückzufinden, fordert fast übermenschliche Kraft. Ohne eine selbstverständlich klare Erziehung, die das Höchste möglich macht, muß er den Lebensweg aus Zickzackpfaden unter dauernden Verlusten suchen und am Ende sehen, daß er nun wohl recht anfangen könnte, wenn noch Zeit wäre. Es ist, als ob ihm der Atem genommen wäre, weil die Welt geistiger Wirklichkeit, aus der der einzelne erwachsen muß, wenn ihm geistig gelingen soll, was Bestand hat, ihn nicht mehr umgibt.

Es droht aufzuhören in der Kunst die nicht nur disziplinierende sondern zugleich gehaltvolle Werkstattbildung; in der Wissenschaft die von einem Sinn des Ganzen getragene Erziehung im Wissen und Forschen; in der Philosophie die von Person zu Person sich übertragende Glaubensüberlieferung. Statt dessen würde bleiben die Tradition der technischen Routine, der Geschicklichkeiten und Formen, der Lernbarkeiten und der exakten Methoden, und schließlich eines unverbindlichen Geredes.

Daher ist das anonyme Schicksal derer, die es auf sich selbst wagen wollten, im Fragmentarischen und Mißlungenen zu scheitern, wenn sie nicht schon vorher ganz erlahmten. Der Notwendigkeit, einzutreten in das, was ein ungreifbarer Betrieb verlangt und einer Menge gefällt, sind wenige gewachsen.

Kunst. — Was in unserem Zeitalter die Teilnahme der Besten und zugleich der Masse findet, ist die Baukunst. Tech=

nische Sachlichkeit findet in der Ingenieurkunst in einer anonymen Entwicklung für die Dinge des Gebrauchs die vollendeten Zweckformen. Die Beschränkung auf das wirklich Beherrschbare bringt dieses zur Vollkommenheit, die das Produkt des Menschen wie natürliche Notwendigkeit erscheinen läßt; es enthält keine Lücken, Härten, Nebensächlichkeiten und Überflüssigkeiten. In der technischen Sachlichkeit als solcher aber ist, auch wenn sie zur Vollendung gelangt, kein Stil im Sinne früherer Zeiten, der bis in die Ausläufer der Ornamentik, noch in jeder dekorativen Gebärde ein Transzendentes durchscheinen ließ. Die Befriedigung an den selbstverständlichen und klaren Linien, Räumen, Formen der Technik ist sich daher selten selbst genug. Da die Zeit noch nicht ihren Stil sieht und sich dessen nicht gewiß ist, was sie eigentlich will, bleibt sie gebunden an ihre Zwecke; Kirchen in moderner Technik wirken ungemäß, weil sie keinen technisch adaequaten Daseinszweck haben. Die Unbefriedigung drängt ferner unwillkürlich zu Störungen technischer Reinheit. In großartigen Beispielen gelingt zwar, was mehr ist als praktische Form, ein Analogon des Stils. Hier scheinen Architekten wie in neidloser Konkurrenz, gemeinschaftlich um etwas zu ringen, was allen als die Erfüllung echter Aufgaben für das Gesamtleben des gegenwärtigen Menschen erscheint. Inmitten der häßlichen Maskerade der europäischen Bauten erwächst seit Jahrzehnten in öffentlichen Gebäuden, im Städtebau, in Maschinen und Verkehrsmitteln, in Wohnhäusern und Gartenanlagen eine nicht nur negativ schlichte, sondern positiv befriedigende Sichtbarkeit und Fühlbarkeit der Umgebung, deren Schöpfung wie ein nicht bloß gegenwärtig modeartiges, sondern säkulares Geschehen aussieht.

Aber statt in der unerrechenbaren Form die Überwindung der technischen Reinheit zu gehaltvoller Schöpfung zu finden, geht der typische Umschlag unserer Zeit aus der Sachlichkeit zu einem forcierten Suchen eines bloßen Gegenteils der

Sachlichkeit in der Abwechslung und Willkür. Die Sauberkeit unserer technischen Welt ohne Transzendenz als vollendete Maschinerie zerbröckelt immer wieder in dies ihr Fremde, wenn sie den Weg schöpferischen Gelingens verläßt, der sich doch nur wie ein schmaler Streifen durch das Bauen der Gegenwart zieht. Aber in bezug auf Originalität vermag heute vielleicht keine andere Kunst mit der Baukunst zu wetteifern.

Kunst hat in vergangenen Zeiten als bildende Kunst, Musik und Dichtung den Menschen in seiner Totalität ergriffen, so daß er durch sie sich selbst in seiner Transzendenz gegenwärtig wurde. Ist die Welt zerbrochen, als deren Verklärung Kunst ihre Gestalt hatte, so ist die Frage, wo der Schaffende das eigentliche Sein entdeckt, das schlummert, aber durch ihn zum Bewußtsein und zur Entfaltung kommt. Die Künste scheinen heute wie durch das Dasein gepeitscht; es ist kein Altar, an dem sie Ruhe finden, zu sich zu kommen, wo ihr Gehalt sie erfüllt. War in vorigen Jahrzehnten im Impressionismus noch die Ruhe des Anschauens, wurde im Naturalismus das Gegenwärtige wenigstens als Stoff für ein mögliches Kunstschaffen erobert, so scheint heute die Welt im Fluß des Geschehens ihr Wesen dem Blick schaffenden Verweilens vollends entzogen zu haben. Es ist nicht der Geist als die Welt einer Gemeinschaft fühlbar, die in der Kunst sich spiegeln könnte; aber es ist eine übermächtig gewordene Wirklichkeit als das noch sprachlose Dunkel. Es scheint, als verginge vor ihr das Lachen wie das Weinen, selbst der Satire scheint das Wort stecken zu bleiben. Sich naturalistisch an dieser Wirklichkeit zu vergreifen, verschlingt dies Unterfangen selbst. Die Qual des Einzelnen zu schildern, die Gegenwart in ihren Besonderheiten prägnant zu fassen, Tatsachen im Roman zu berichten, das ist zwar alles eine Leistung, aber noch nicht Kunst. Das heute vor dem Zeitgeschehen anscheinend noch Ungemäße menschlicher Monumentalität hat der Plastik wie der Tragödie ihre Möglichkeit genommen.

Kunst müßte heute wie von jeher ungewollt die Transzendenz fühlbar machen, jeweils in der Gestalt, die jetzt wirklich geglaubt wird. Es kann wohl scheinen, als ob der Augenblick näher rücke, wo dem Menschen von der Kunst wieder gesagt werden wird, was sein Gott und was er selbst sei. Solange wir, als ob dies noch nicht geschehe, auf die Tragik des Menschen, den Glanz des eigentlichen Seins in den Gestalten längst vergangener Welt sehen müssen, nicht weil dort die bessere Kunst, sondern die auch heute noch gegenwärtige Wahrheit ist, nehmen wir zwar teil an dem echten Mühen der Zeitgenossen als unserer Situation, doch mit dem Bewußtsein des Mangels, unsere eigene Welt nicht durchdrungen zu haben.

Was heute überall in die Augen springt, scheint meistens wie ein Verfall des Wesens der Kunst. Soweit in der technischen Massenordnung Kunst Funktion dieses Daseins wird, rückt sie als Gegenstand des Vergnügens sogar in die Nähe des Sports. Als Vergnügen hebt sie zwar heraus aus dem Zwang des Arbeitsdaseins, aber darf nicht das Selbstsein des Einzelnen fordern. Statt der Objektivität einer Chiffre des Übersinnlichen hat sie nur die Objektivität eines sachlichen Spiels; das Suchen nach neuer Formgebundenheit findet eine Disziplin der Form ohne den das Wesen des Menschen durchdringenden glaubwürdigen Gehalt. Statt der Befreiung des Bewußtseins im Blick auf das Sein der Transzendenz wird sie wie ein Verzicht auf die Möglichkeit des Selbstseins, dem allein doch erst Transzendenz sich zeigt. In dieser Kunstübung ist wohl ein außerordentlicher Anspruch an Können, aber darin wesentlich das Anklingen der rohen Durchschnittstriebe. Der Massenmensch erkennt sich, Dasein fordernd und nicht in Frage gestellt, wieder. Aus dieser Kunst spricht die Opposition gegen den eigentlichen Menschen für eine Gegenwart als das nackte Jetzt. Was irgend Sehnsucht scheint oder Lust an vergangener Größe oder Anspruch einer Transzendenz, gilt als Täuschung. Form wird hier in aller Sachlichkeit am Ende zur

Technik, Konstruktion zur Berechnung, Anspruch zur Forderung der Rekordleistung. Soweit Kunst in diese Funktion hinabgeglitten ist, ist sie gesinnungslos. Sie kann heute dieses morgen jenes im Wechsel als wesentlich betonen; sie sucht von überall her ihre Sensationen. Ihr muß fehlen, was Zeiten einer fraglosen sittlichen Substanz eigen war, die Bindung des Gehalts. Ihr Wesensausdruck ist Chaos bei äußerem Können. Das Dasein schaut darin nur seine Vitalität an oder deren Negation; und es verschafft sich die Illusionen eines anderen Daseins: eine Romantik der Technik, eine Imagination der Form, Reichtum im Überschwang genießenden Daseins, Abenteuer und Verbrechen, lustigen Unsinn und Leben, das im sinnlosen Wagen sich zu überwinden scheint.

Für diese Stellung zur Kunst ist das Theater Unterhaltung geworden, zur Befriedigung des Illusionsbedürfnisses und der Neugier. Darin aber ist, wenn auch leise und wie überschrien, ein echter Ton hörbar.

Das Kino zeigt eine Welt, die so nicht sichtbar war. Man ist gefesselt von dem indiskreten Darbieten der physiognomischen Wirklichkeit von Menschen. Man erweitert seine optische Erfahrung über alle Völker und Landschaften. Aber man sieht nichts gründlich und verweilend, sieht Aufreizendes, ja Erschütterndes, das man nicht vergißt, aber muß die meisten Sitzungen bezahlen mit einer so auf keine andere Weise zu erzielenden Öde der Seele, die nach Ablauf der Spannung zurückbleibt.

Die Schauspielkunst verfügt noch über eine Tradition ihrer Technik. Das Neue kann einen Augenblick eine erstaunliche Wirkung erzielen. Eine Piscatoraufführung in dem Durcheinander von Maschinen, Straßen, tanzenden Beinen, marschierenden Soldaten bringt eine brutale Wirklichkeit vor Augen, die sie zugleich in eine Sphäre der Unwirklichkeit hebt. Wenn alles in der berechneten Beleuchtung seinen Schatten wirft und dadurch zweimal da ist, nur zu leben scheint als das Gespenst eines anderen, dann scheint der technische Mechanismus als Mittel der Darstellung wie die Aufhebung der Wirklichkeit dieses Mechanismus. Aber die Aufhebung läßt kein Sein fühlen, sondern das Nichts, das im Appell an den Zuschauer das Grauen vor dem Dasein erregt. Die politische Tendenz wirkt dagegen dumm und nebensächlich.

Der moderne Schauspieler kann elementar zur Darstellung bringen ursprüngliche Affekte des Daseins, den Haß, die Ironie und Verachtung, dirnenhafte Erotik, lächerliche Gestalten, das Laute, das Einfache und Schlagende von Antithesen. Er scheint in der überwältigenden Mehrzahl der Fälle zu versagen, wo der Adel des Menschen sichtbar werden müßte. Kaum jemand kann noch den Hamlet, den Edgar spielen.

Dahinein gibt es noch heute vortreffliche Aufführungen der Opern Mozarts, die einen Sturm der Begeisterung entfesselnden Reproduktionen der besten Musik früherer Zeiten, ohne Anpassung an Masseninstinkte, vielmehr mit hohem Anspruch. Die Frage, wo die Wahrheit sei, im Publikum Piscators oder dem Publikum Mozarts, wäre aber falsch gestellt. Hier ist keine Alternative, weil es sich um Unvergleichbares handelt; dort um die verschwindende Formung des chaotischen Augenblicks im Bewußtsein des nackten Daseins als des Nichts, hier um Kunst, welche das Sein zum Sprechen bringt.

Musik ergreift heute die größte Zahl und zugleich die Besten. Aber sie ist im Unterschied von der Baukunst auch am rückhaltlosesten in der Reproduktion des Vergangenen. Diese ist der Kern ihrer Wirkung. Sie ist nicht getragen von der modernen Musik, die vielmehr eine für das Ganze mehr interessante als ergreifende, mehr versuchende als erfüllende Besonderheit bedeutet.

Wissenschaft. — Wissenschaften leisten auch heute außerordentliches. Die exakten Naturwissenschaften haben einen aufregenden Gang rapider Fortschritte in Grundgedanken und empirischen Ergebnissen begonnen. Ein über die Welt verbreiteter Kreis der Forscher steht in Beziehungen des Sichverstehens. Einer wirft dem anderen den Ball zu. Dieser Vorgang findet Widerhall in der Masse durch die Handgreiflichkeit der Resultate. Das sachnahe Sehen in den Geisteswissenschaften hat sich zu mikroskopischer Feinheit gesteigert. Ein nie dagewesener Reichtum an Dokumenten und Monumenten ist vor Augen gebracht. Kritische Sicherheit ist erreicht.

Doch hat weder das stürmische Voranschreiten der Naturwissenschaften noch die Stofferweiterung der Geisteswissenschaften hindern können, daß der Zweifel an der Wissenschaft überhaupt wächst. Die Naturwissenschaften bleiben ohne Totalität einer Anschauung; trotz ihrer großen Vereinheitlichungen wirken ihre heutigen Grundgedanken eher wie Rezepte, mit denen man es versucht, denn als Wahrheit, die endgültig erobert wird. Die Geisteswissenschaften bleiben ohne Gesinnung einer humanen Bildung; es gibt zwar noch gehaltvolle Darstellungen, aber sie sind partikular und wirken selbst da wie die letzte Vollendung einer Möglichkeit, nach der vielleicht nichts weiteres erfolgen wird. Der frühere Kampf der philologischen und kritischen Forschung gegen geschichtsphilosophische Totalität hat in der Unfähigkeit geendigt, Geschichte als Ganzheit der menschlichen Möglichkeiten darstellend zu gestalten. Die Erweiterung der historischen Kunde um Jahrtausende hat wohl zur äußeren Entdeckung aber zu keiner neuen Aneignung substantiellen Menschentums geführt. Eine Öde allgemeiner Gleichgültigkeit scheint sich über alles Vergangene zu senken.

Die Krise der Wissenschaften besteht also nicht eigentlich in den Grenzen ihres Könnens, sondern im Bewußtsein ihres Sinns. Mit dem Zerfall eines Ganzen ist nun die Unermeßlichkeit des Wißbaren der Frage unterstellt, ob es des Wissens wert sei. Wo das Wissen ohne das Ganze einer Weltanschauung nur noch richtig ist, wird es allenfalls nach seiner technischen Brauchbarkeit geschätzt. Es versinkt in die Endlosigkeit dessen, was eigentlich niemanden angeht.

Die Gründe dieser Krise scheinen zum Teil aus dem Gang der Wissenschaft selbst verständlich. Die Masse des gewonnen Stoffes, die Verfeinerung und Vervielfachung der Methoden machen die Voraussetzungen immer umfänglicher, welche in jeder neuen Generation erst erworben werden müssen, bevor sie mitarbeiten kann. Man könnte meinen, die Wissenschaft schreite über den Umfang dessen hinaus, was ein Mensch zu fassen vermag. Bevor er das Überkommene bewältige, müsse er sterben. Jedoch wo Wissenschaft aus einem Sinn betrieben wird, werden auch die Grundgedanken und Lebenshaltungen entwickelt, welche der Endlosigkeit Herr werden. Der äußere Umfang des Wißbaren war zu allen Zeiten so, daß er von niemand ganz beherrscht werden konnte. Aber die Mittel der Herrschaft wurden als die entscheidenden Schritte der Einsicht jeweils entdeckt. Als das Ganze des wissenden Menschen wurde in seiner Person verwirklicht, was Wissenschaft ist. Die aus dem Vergangenen erworbenen Voraussetzungen sind daher auf der gegenwärtigen Stufe des Wissens und Könnens vielleicht von einer einzigartigen Möglichkeit, welche noch nicht ergriffen wurde.

Die Tatsache, daß heute überall in den Wurzeln gefragt wird, theoretische Prinzipien in vielfacher Möglichkeit versucht und gegeneinander ausgespielt werden, überantwortet den Halbwissenden dem Zweifel. Wo überhaupt kein fester Punkt mehr sei, schwebe das Gewußte in der Luft. Jedoch so sieht das Erkennen nur, wer nicht daran teilnimmt. Die schöpferischen Schritte zu neuen Prinzipien lassen wohl die Gebäude der Erkenntnis wanken, aber diese sogleich wieder auffangen in eine Kontinuität der Forschung, welche das Erworbene, das sie in Frage stellt, zugleich in einem neuen Sinn für das Ganze der besonderen Wissenschaft bewahrt.

Nicht also schon die immanente Entwicklung der Wissenschaften macht die Krise zureichend begreiflich, sondern erst der Mensch, auf den die wissenschaftliche Situation trifft. Nicht Wissenschaft für sich, sondern er selbst in ihr ist in einer Krise. Der historisch-soziologische Grund dieser Krise liegt im Massendasein. Die Tatsache der Verwandlung der freien Forschung Einzelner in den Betrieb der Wissenschaft hat zur Folge, daß jedermann sich mitzuwirken für befähigt hält, wenn er nur Verstand hat und fleißig ist. Es kommt ein wissenschaftliches Plebejertum auf; man macht leere Analogiearbeiten, um sich als Forscher auszuweisen, macht beliebige Feststellungen, Zählungen, Beschreibungen und gibt sie für empirische Wissenschaft aus. Die Endlosigkeit eingenommener Standpunkte, so daß man in häufiger werdenden Fällen sich nicht mehr versteht, ist allein die Folge davon, daß ein jeder unverantwortlich seine Meinung zu sagen wagt, die er sich erquält, um auch etwas zu bedeuten. Man hat die Unverfrorenheit „nur zur Diskusion zu stellen", was einem gerade einfällt. Die Unmenge gedruckter Rationalität wird in manchen Gebieten schließlich zur Schaustellung des chaotischen Durcheinanderströmens der nicht mehr eigentlich verstandenen capita mortua früher einmal lebendigen Denkens in den Köpfen der Massenmenschen. Wenn so Wissenschaft Funktion von Tausenden als jeweils zum Fach als Beruf gehörender Interessenten wird, dann kann wegen der Eigenschaften des Durchschnitts auch der Sinn von Forschung und von Literatur durcheinander geraten. In manchen Wissenschaften ist daher eine literarische Sensation als falscher Journalismus schon Mittel zu einem augenblicklichen Erfolg geworden. Die Folge von allem ist ein Bewußtsein der Sinnlosigkeit.

Wo in der Wissenschaft noch die Kontinuität eines fortzeugenden Entdeckens ist, wird sie oft nur möglich durch das Kriterium technischer Bewährung, weil kein ursprüngliches Wissenwollen mehr auf das Ziel bringt. Die Prämie auf die technische Erfindung zwingt dann allein den Gang wissenschaftlicher Forschung trotz des Erlahmens seines ursprünglichen Herzschlags voran. Damit wird ein Bewußtsein möglich, welches als objektive Krise behauptet, was doch schuldhaft allein im Subjekt liegt. Der Prozeß der geistigen Selbstentleerung der Wissenschaft erfolgt zugunsten des mechanisierten Daseins der Massen, das solche Prämien zu stellen vermag, welche befähigte Köpfe beim planvollen Erfinden halten können auch ohne anderen Sinn der Wissenschaft.

Das Massendasein an Hochschulen hat die Tendenz, Wissenschaft als Wissenschaft zu vernichten. Diese soll sich der Menge anpassen, welche nur ihr praktisches Ziel will, ein Examen und die damit verknüpfte Berechtigung; Forschung soll nur soweit gefördert werden, als sie praktisch auswertbare Resultate verspricht. Dann reduziert Wissenschaft sich auf die verstandesmäßige Objektivität des Lernbaren. Statt der Hochschule, wie sie in ihrer geistigen Unruhe des „sapere aude" lebt, entsteht bloße Schule. Dem Einzelnen wird die Gefahr seines selbst zu suchenden Weges abgenommen durch einen zwangsläufigen Studienplan. Ohne Wagnis in der Freiheit wird auch kein Ursprung gelegt zu der Möglichkeit eigenen Denkens. Am Ende bleibt eine virtuose Technik in Spezialitäten und vielleicht auch ein großes Wissen; der Gelehrte, nicht der Forscher wird der maßgebende Typus. Daß man beginnt, beides für dasselbe zu halten, ist Symptom dieses Niedergangs.

Eigentliche Wissenschaft ist eine aristokratische Angelegenheit derer, die sich selbst dazu auslesen. Das ursprüngliche Wissenwollen, das allein eine Krisis der Wissenschaften unmöglich machen würde, gehört dem je Einzelnen auf seine Gefahr. Es ist jetzt wohl abnorm, wenn jemand sein Leben an die Forschung setzt. Aber niemals war diese eine Sache von Menschenmengen. An der Wissenschaft hat, auch wer sie im praktischen Beruf verwendet, nur Teil, wenn er in der inneren Haltung ein Forscher geworden ist. Die Krise der Wissenschaften ist eine Krise der Menschen, von denen sie ergriffen werden, wenn diese nicht echt in ihrem unbedingten Wissenwollen waren.

Eine Verkehrung des Sinns von Wissenschaft geht daher heute durch die Welt. Wissenschaft genießt einmal einen außerordentlichen Respekt. Da Massenordnung nur durch Technik, Technik nur durch Wissenschaft möglich ist, herrscht im Zeitalter ein Glaube an Wissenschaft. Da aber Wissenschaft allein zugänglich ist durch methodische Bildung, das Staunen vor ihren Resultaten noch kein Teilnehmen an ihrem Sinn ist, so ist dieser Glaube Aberglaube. Eigentliche Wissenschaft ist das Wissen mit dem Wissen der Weisen und Grenzen des Wissens. Wird aber an ihre Resultate geglaubt, die nur als solche, nicht in der Methode ihres Erwerbs gekannt werden, so wird in imaginärem Mißverstehen dieser Aberglaube zum Surrogat echten Glaubens. Man hält sich an die vermeintliche Festigkeit wissenschaftlicher Ergebnisse. Die Inhalte dieses Aberglaubens sind: ein utopischer Sachverstand von allem, das Machenkönnen und die technische Meisterung jeder Schwierigkeit, Wohlfahrt als Möglichkeit des Gesamtdaseins, der Demokratie als des gerechten Weges der Freiheit aller durch Majoritäten, überhaupt der Glaube an Denkinhalte des Verstandes als an Dogmen, die für schlechthin richtige gelten. Die Macht dieses Aberglaubens befällt fast alle Menschen, auch die Gelehrten. Sie scheint im Einzelfall überwunden und ist doch immer wieder da; sie reißt den Abgrund auf zwischen dem Menschen, der ihr verfällt, und der kritischen Vernunft eigentlicher Wissenschaftlichkeit.

Der Wissenschaftsaberglaube schlägt leicht um in Wissenschaftsfeindschaft, in einen Aberglauben an die Hilfe von Mächten, welche Wissenschaft negieren. Wer im Glauben an die Allmacht von Wissenschaft sein Denken schweigen ließ vor dem Sachverständigen, der weiß und anordnet, was richtig ist, kehrt beim Versagen enttäuscht den Rücken und geht zum Charlatan. Der Wissenschaftsaberglaube ist dem Schwindlertum wahlverwandt.

Der Aberglaube gegen Wissenschaft nimmt seinerseits die

Form der Wissenschaft, als eigentliche Wissenschaft gegen Schulwissenschaft, an. Durch Astrologie, Gesundbeten, Theosophie, Spiritismus, Hellsehen, Okkultismus usw. wird das Zeitalter trübe. Diese Macht begegnet heute in allen Parteien und weltanschaulich ausgesagten Standpunkten; sie zerbröckelt überall die Substanz vernünftigen Menschseins. Daß so wenig Menschen bis in ihr praktisches Denken hinein echte Wissenschaftlichkeit zu eigen gewinnen, ist die Erscheinung versinkenden Selbstseins. Kommunikation wird unmöglich in dem Nebel dieses verwirrenden Aberglaubens, der die Möglichkeit sowohl des echten Wissens wie des eigentlichen Glaubens vernichtet.

Philosophie. — Die Situation der Philosophie ist heute durch drei unbestimmte Wirklichkeiten charakterisiert: Das Zeitalter hat die glaubenslosen von dem Apparat eingestampften Menschen hervorgebracht; die Religion, in kirchlichen Organisationen vortrefflich tradiert, scheint doch in ihnen keinen schöpferischen Ausdruck aus eigener Gegenwart mehr zu finden; Philosophie scheint, seit einem Jahrhundert zunehmend zu einem Betriebe von Lehre und Historie werdend, zu versagen.

Die Glaubenslosigkeit in der Welt technischer Apparatur ist wie eine Anklage. Die großartigen Schritte des Menschen, in denen er die Natur in die ihm angemessenen Formen bändigt, brachten mit der Vermehrung der Massen die seelische Verkümmerung Unzähliger, welche persönlich schuldig zu erklären vor der Wirklichkeit ihres Lebensursprungs und Lebensganges niemand wagen kann. Fragt man aber, ob die Menschen in der Mehrzahl verblöden sollen im Dienst an diesem Apparat, so gibt es doch als einzigen Weg nur ein Weitergehen mit ihm und das Mühen um Rettung in ihm. Auch der Glaubenslose wird nicht nur Arbeitstier, sondern bleibt Mensch. Eben darum ist ihm, ihm selber fühlbar, alles opak geworden. Es bleibt allein der blinde Wille zum Anderswerden der Zustände und seiner selbst. Die Bereitschaft wächst; denn der Mensch ist nicht fähig, nicht zu glauben. Noch bewahrt in der Welt der Glaubenslosigkeit mancher im guten Willen seine Möglichkeit; aber die Ansätze ersticken im Keim, wenn jeder ohne Tradition auf sich selbst gestellt ist. Doch wird kein Plan und keine Organisation vermögen, was schließlich nur der verwirklichende Mensch durch sich hervorbringen kann.

In der Scheinhelligkeit, die das Bewußtsein der Massenfürsorge als die Bewußtheit des Machens aller Dinge erzeugt, ist das unbegründbare Innesein des unbefragbaren Unbedingten, das bisher in geschichtlicher Gestalt als Religion wirklich war, verloren. Der geschichtliche Grund menschlicher Existenz ist wie unsichtbar geworden; die Religion besteht zwar fort, verwaltet von Kirchen und Konfessionen, aber im Massendasein oft nur noch als Trost in der Not, als Gewohnheit geordneter Lebensführung, nur selten noch als wirksame Lebensenergie. Während Kirche als politische Macht wirksam ist, scheint der religiöse Glaube in Gestalt des einzelnen Menschen immer seltener zu werden. Die großen Traditionen der Kirchen sehen heute in ihrer Bewußtheit oft aus wie ein Wiederherstellen der eigenen unwiederbringlichen Vergangenheit unter weitherziger Nutzung aller modernen Gedanken. Kirche scheint immer schwerer die Selbständigkeit eines unabhängigen Einzelnen tolerieren zu können. Sie hat nicht mehr die echte Spannung von Autorität und Freiheit in sich, wohl aber die Fähigkeit zu rücksichtsloser Ausscheidung des Eigenständigen in der großartigen Konzentration ihres geistigen Apparats zur Beherrschung und gehaltvollen Erfüllung einer Massenseele.

Das philosophische Denken hatte seit Jahrhunderten die Bewußtheit in die letzten Gründe des menschlichen Seins getragen, die Religion säkularisiert und die Unabhängigkeit des freien Einzelnen zu entschiedener Wirklichkeit gebracht.

Der Einzelne verlor nicht den Grund, sondern dieser wurde in seiner absoluten Geschichtlichkeit nur tiefer erhellt. Fragwürdig blieb diese Wirklichkeit des Einzelnen nur, weil die Helligkeit sich lockern und leer werden konnte in einem reinen Bewußtsein ohne Existenz. In der Tat wurde die überlieferte Philosophie seit der zweiten Hälfte des 19. Jahrhunderts überall zum Betrieb von Universitätsschulen, die immer seltener die Gemeinschaft philosophischer Menschen waren, die aus eigenem Ursprung sich erworben und in Gestalt des Gedankens mitgeteilt hätten, was ihnen bewußt wurde. Philosophie wurde von ihrem Ursprung gelöst ohne Verantwortung für das durch sie zu ermöglichende wirkliche Leben als Lehre eine sekundäre Erscheinung. Sie suchte sich vor den faktisch als überlegen anerkannten Wissenschaften zu rechtfertigen, indem sie sich selbst als reine Wissenschaft gab und unter dem Namen Erkenntnistheorie Geltung und Geltungssinn der Wissenschaften wie ihrer selbst zu begründen meinte. Sie wurde trotz scheinbarer Gegenwärtigkeit faktisch identisch mit dem Wissen von ihrer Geschichte. Doch dieses war meistens weniger ein Aneignen der Ursprünge als ein Hantieren mit Lehrstücken, Problemen, Meinungen, Systemen. Äußerlich philologisch, innerlich rationalistisch, ohne Bezug auf das eigene Dasein des Einzelnen, führte sie ihren durch Tradition strengen Denkens verdienstlichen Betrieb der Schulen fort, die trotz der heftig polemischen Atmosphäre ihrer Literatur doch im Grunde alle nur dasselbe waren (unter den Namen Idealismus, Positivismus, Neukantianismus, Kritizismus, Phänomenologie, Gegenstandstheorie). Daß sie zumeist Kierkegaard nicht kannten, Nietzsche nicht als Philosophen nahmen, ihn als Dichter anerkennend klassifizierten und so für sich unschädlich machten, aber doch über ihn sprachen, ihn als unwissenschaftlich, als Mode, als Nichtkönner abtaten, ist das kennzeichnende Symptom ihrer eigenen Hilflosigkeit. Sie beschwichtigten das radikale philosophische Fragen zur Harmlosigkeit.

Die so versagende Philosophie hat ihren Betrieb vervielfacht, aber sich ins Chaos zerpulvert. Sie hätte die größte Aufgabe. Nur in ihr könnte der Mensch, der aus einem Kirchenglauben nicht mehr zu leben vermag, seines eigentlichen Wollens gewiß werden. Wer zwar der Transzendenz in Gestalt christlichen Glaubens treu ist, sollte nie angegriffen werden, sofern er nicht intolerant wird. Denn im Glaubenden kann nur zerstört werden; er kann vielleicht dem Philosophieren offen sein und die auch ihm gehörende Schwere eines dem menschlichen Dasein unabnehmbaren Zweifelns wagen, doch er hat die Positivität eines Seins in geschichtlicher Gestalt als Ausgang und Maß, die ihn unersetzbar zu sich bringen. Von dieser Möglichkeit sprechen wir nicht. Heute scheint die Glaubenslosigkeit in breitem Strome das der Zeit Zugehörende zu sein. Es ist zu fragen, ob Glauben außerhalb der Religion überhaupt möglich ist. Philosophieren entspringt in diesem Fragen. Sinn des Philosophierens ist heute, sich in seinem unabhängigen Glauben aus eigenem Grunde zu vergewissern. Ahnen und Wegweiser sind Bruno, Spinoza, Kant. Wo Religion — diese gibt es nur in kirchlicher Gestalt, und anderes Religion zu nennen, ist eine kompromißlerische Täuschung — verloren ist, gibt es die Phantastereien und Fanatismen des Aberglaubens, oder es gibt das Philosophieren. Als dieses ist Glaube nur mit seinem Selbstverständnis und durch es; die denkende Philosophie will ihn systematisch zur Helligkeit bringen und im Zusammenhang sagen, was doch wirklich nur gewußt würde in der Existenz, nicht in einem stets zur Loslösung von ihr neigenden Denken. Jene Phantastereien brauchen keine Philosophie; die kirchlich-religiöse Geborgenheit kann sie entbehren, aber sie auch suchen, um sich im eigenen zur vollsten Redlichkeit zu bringen; der kirchliche Glaube als solcher braucht für sein gemeinschaftliches Dasein nur Theologie. Philosophie aber ist für den Einzelnen als Einzelnen, d. i. für die Freiheit, sei diese auch vom Standpunkt jener ein tollkühnes Wagnis, übermütige Anmaßung oder die

Illusion der armen von der Gottheit Verworfenen, die außerhalb der Kirche kein Heil finden können.

Heute ist Philosophie den bewußt Ungeborgenen die einzige Möglichkeit. Sie ist nicht mehr Sache enger Kreise; zumindest als die Wirklichkeit der Frage für den Einzelnen, wie er leben könne, ist sie eine Angelegenheit Unzähliger. Schulphilosophie wäre gerechtfertigt, insoweit sie philosophisches Leben ermöglichte. Zur Zeit ist sie in kurzatmigen Versuchen, nirgend ganz, zerstreut und zerstreuend.

Daher ist begreiflich der verführende Ruf, der seit langem gehört wird: zurück aus der Bewußtheit zur Unbewußtheit des Blutes, des Glaubens, der Erde; der Seele, des Geschichtlichen und des Fraglosen. Man steigerte verzweifelt die Religion, weil sie nicht mehr ursprünglich geglaubt wurde, in Absurditäten; eigentlich glaubenslos wollte man mit Gewalt glauben, indem man die Bewußtheit zerstörte.

Dieser Ruf täuscht. Der Mensch muß, um Mensch zu bleiben, durch die Bewußtheit hindurch. Es geht nur voran. Die platte Bewußtheit, welche alles als erkenntnismäßiges Wissen und als machbare Zwecke vor Augen stellt, ist vom Philosophieren zu überwinden durch den klaren Bau aller Weisen der Bewußtheit. Man kann nicht mehr durch den Verzicht auf Bewußtheit verschleiern, ohne sich zugleich auszuschließen aus dem geschichtlichen Gang des Menschseins. Bewußtheit ist uns im Dasein die Bedingung geworden, unter der das Echte unangreifbar hervorbricht, das Unbedingte sich festhalten kann, der freie Einsatz zur Identität mit der eigenen Geschichtlichkeit möglich wird.

Philosophieren ist der Grund für das eigentliche Sein des Menschen geworden. Es nimmt heute seine charakteristische Gestalt an: Der Mensch, herausgerissen aus der bergenden Substanz stabiler Zustände in den Apparat des Massendaseins, durch Verlust seiner Religion in der Glaubenslosigkeit stehend, denkt entschiedener über sein eignes Sein nach. Daraus entwickeln sich die typischen dem Zeitalter adäquaten philosophischen Gedanken. Nicht mehr die offenbarte Gottheit, an der alles hängt, ist das erste, nicht die Welt, welche besteht, sondern das erste ist der Mensch, der doch mit sich selbst als dem Sein sich niemals abfinden kann, sondern über sich hinaus drängt.

Fünfter Teil. Wie heute das Menschsein begriffen wird.

Der ungeborgene Mensch gibt dem Zeitalter die Physiognomie, sei es in der Auflehnung des Trotzes, sei es in der Verzweiflung des Nihilismus, sei es in der Hilflosigkeit der vielen Unerfüllten, sei es im irrenden Suchen, das endlichen Halt verschmäht und harmonisierenden Lockungen widersteht. Es gibt keinen Gott, ist der anschwellende Ruf der Massen; damit wird auch der Mensch wertlos, in beliebiger Anzahl hingemordet, weil er nichts ist.

Der Aspekt unserer Welt in der Zwangsläufigkeit ihres Daseins und in der Haltlosigkeit ihres geistigen Tuns erlaubt nicht mehr ein Sein im befriedigten Zugriff zum Bestehenden. Eine Vergegenwärtigung, wie wir sie vollzogen, kann entmutigen; man sieht nur pessimistisch; man verzagt, noch irgend etwas zu tun. Oder man bleibt trotz solcher Vergegenwärtigung lässig im optimistischen Bewußtsein der eigenen Daseinsfreude und im Blick auf das Substantielle, das auch heute begegnet. Jedoch sind beide Haltungen zu einfach. Sie weichen der Situation aus.

Der Anspruch der Situation an den Menschen scheint in der Tat von der Art, daß nur ein Wesen, das mehr als Mensch ist, ihm genüge tun kann. Die Unerfüllbarkeit des Anspruchs kann verführen, ihn zu umgehen, sich einzurichten auf das nur Gegenwärtige und seinen Gedanken eine Grenze zu setzen. Wer alles in Ordnung glaubt und dem Weltlauf als solchem traut, braucht nicht erst Mut zu haben. Er tritt ein in den Gang der Dinge, der auch ohne ihn zum Guten treibt. Sein vorgegebener Mut ist nur das Vertrauen, aus dem er weiß, daß es nicht in den

Abgrund geht, in dem der Mensch sich verlieren würde. Auf echte Weise hat Mut, wer aus der Angst im Erfühlen des Möglichen zugreift in dem Wissen: nur wer Unmögliches will, kann das Mögliche erreichen. Die Erfahrung der Unerfüllbarkeit in dem Versuchen der Erfüllung kann allein verwirklichen, was dem Menschen aufgegeben ist zu tun.

Der Mensch wird heute nicht schon geprägt, indem er sich zu eigen macht, was ihm als Sein aus der Tradition seiner Welt entgegenkommt. Nur ihr hingegeben wird er zerstreut. Er ist in einem neuen Sinne auf sich als Einzelnen gestellt: er muß sich selbst helfen, wenn er nun nicht mehr frei ist durch Aneignung der alles durchdringenden Substanz, sondern frei in der Leere des Nichts. Wenn Transzendenz sich verbirgt, so kann der Mensch nur zu ihr kommen durch sich selbst.

Sich zu helfen, führt den gegenwärtig Philosophierenden über die Weise, wie das Menschsein gedacht wird. Die alten Gegensätze der Weltanschauungen von Individualismus und Sozialismus, von liberal und konservativ, von revolutionär und reaktionär, fortschrittlich und rückschrittlich, materialistisch und idealistisch passen nicht mehr, obgleich sie noch überall als Fahne oder als Scheltworte dienen müssen. Eine Auseinandersetzung mit Weltanschauungen, als ob es deren mehrere gebe, zwischen denen man zu wählen habe, ist nicht mehr die Methode, zu seiner Wahrheit zu kommen. Eine Erweiterung des Sehens und Mitwissens auf alles, was möglich ist, hat heute die Ungebundenheit gezeigt, in der es nur noch die eine unübertragbare Wahl gibt, entweder zum Nichts oder zur absoluten Geschichtlichkeit des eigenen Grundes, die zu Hause ist in aller Möglichkeit mit dem Bewußtsein von bindender Grenze.

Die Frage nach dem Menschsein, welche aus der Dogmatik der Objektivitäten fixierter alternativer Weltanschauungen herausführen soll, ist aber als solche keineswegs eindeutig.

Der Mensch ist immer mehr, als er von sich weiß. Er

ist nicht, was er ein für alle Mal ist, sondern er ist Weg; nicht nur ein festzustellendes Dasein als Bestand, sondern darin Möglichkeit durch Freiheit, aus der er noch in seinem faktischen Tun entscheidet, was er ist.

Der Mensch ist nicht ein rundes Dasein, das sich in Generationen nur wiederholt, noch ein lichtes Dasein, das sich offenbar ist. Er bricht hindurch durch die Passivität sich stets erneuernder identischer Kreise und ist auf seine Aktivität angewiesen, die Bewegung fortzuführen zu unbekanntem Ziel.

Daher ist der Mensch in seinem tiefsten Wesen gespalten. Wie er sich auch denkt, er setzt denkend sich gegen sich selbst und gegen anderes. Alle Dinge sieht er in Gegensätzen.

Jedesmal hat es einen anderen Sinn, ob er sich spaltet als Geist und Fleisch, Verstand und Sinnlichkeit, Seele und Leib, Pflicht und Neigung, — ferner sein Sein und seine Erscheinung, sein Tun und Denken, das, was er tut und das, was er zu tun meint. Entscheidend ist, daß er sich immer entgegensetzen muß. Kein Menschsein ist ohne Spaltung. Aber in ihr kann er nicht stehen bleiben. Wie er sie überwindet, macht die Weise aus, wie er sich ergreift.

Es sind die beiden näher zu charakterisierenden Möglichkeiten:

Er macht sich zum Gegenstand der Erkenntnis. Was er so in der Erfahrung als sein Dasein und das ihm Zugrundeliegende erkennt, hält er für sein eigentliches Sein. Was er in der Erscheinung ist, das ist sein Bewußtsein; was das Bewußtsein ist, das ist es durch ein anderes, durch die soziologischen Zustände, durch das Unbewußte, durch die vitale Artung. Dieses andere ist ihm das Sein, dessen Wesen sich in seiner Erscheinung als Bewußtsein spiegelt.

Der Sinn dieses Erkennens ist es, die Spannung aufzuheben dadurch, daß das Sein mit dem Bewußtsein identisch wird. Die Vorstellung des bloßen Daseins als vollendet in einem Zustand der Spannungslosigkeit gilt diesem Erkennen unwillkürlich als erreichbar: eine soziologische Ordnung, in der alle zu ihrem Rechte kommen; eine Seele, deren Unbewußtes im Bewußten seine störungslose Begleitung hat, wenn aus ihm alle Komplexe ausgeräumt sind; eine Rassenvitalität, die nach Auslese durch Zuchtwahl sich als die gesunde und edle wissen darf, um in ihrer Wohlgeratenheit zufrieden sich als Dasein zu vollenden. In diesen Zuständen, welche in zweideutigem Sinne natürlich heißen, als notwendig entstehende und als wahre, gibt es keine Unbedingtheit zeitlichen Daseins mehr: denn Unbedingtheit entspringt nur in der Spannung, in der gewaltsam Selbstsein sich ergreift. Gegen Selbstsein wendet sich vielmehr solches Wissen vom natürlichen Menschsein als gegen Extravagantes, Krankes, Sichausschließendes, Verlorenes.

Grade diesen Weg aber geht die zweite Möglichkeit. Sie findet sich in den Spannungen als im Dasein endgültig unaufhebbaren Grenzsituationen, die ihr offenbar werden mit der Entschiedenheit des Selbstseins. Wird der Mensch nicht mehr erkannt als Sein, das er ist, so bringt er sich erkennend in die Schwebe absoluter Möglichkeit. In ihr erfährt er den Appell an seine Freiheit, aus der er erst durch sich wird, was er sein kann, aber nicht schon ist. Als Freiheit beschwört er sich das Sein als seine verborgene Transzendenz.

Der Sinn dieses Weges ist die Transzendenz. Als Dasein scheitert am Ende, was eigentlich es selbst ist. Die Spannungslosigkeit gilt von hier aus als ein Weg der Täuschung, in der in vermeintlicher Überwindung man sich die Grenzsituation verdeckt und die Zeit aufhebt. Alle Erkenntnis in der Welt und damit auch die Erkenntnis des Menschen ist partikulare Perspektive, durch die ihm der Raum seiner Situation entsteht. Erkenntnis ist darum in der Hand des Menschen, der sie übergreift. Aber er selbst ist sich das schlechthin

Unvollendete und Unvollendbare, ausgeliefert an ein anderes. Denkend erleuchtet er sich nur einen Weg.

Dadurch daß der Mensch sich in allem Erkennen noch nicht erkannt findet, und dann das gegenständliche Erkennen einschmilzt in seinen philosophierenden Prozeß, bricht er noch einmal hindurch, jetzt durch sich selbst. Was er verloren hatte, als er sich ganz auf sich zurückgewiesen sah, kann ihm in neuer Gestalt wieder offenbar werden. Nur einen irrenden Augenblick der Trostlosigkeit seines nackten Daseins hielt er sich identisch mit dem Ursprung von allem als ein Erkennender. Macht er Ernst mit sich selbst, so wird ihm wieder, was mehr ist als er. In der Welt ergreift er von neuem die Objektivität, die ihm zur Gleichgültigkeit zu erstarren oder in der Subjektivität verloren zu gehen drohte; er ergreift in der Tranzendenz das Sein, das er in seiner ihm als Daseinserscheinung eigenen Freiheit mit sich als Selbstsein verwechselte.

Die beiden Möglichkeiten gehen heute unter bekannten Namen als Lehren um; sie finden sich dort in einer Verwirrung, in der sie noch keine feste gültige Gestalt gewonnen haben, aber als fast unübersehbare Sprechweisen den heutigen Menschen bewegen.

Die Erkenntnisse des Menschseins, welche in partikularen Richtungen festzuhalten sind, wurden als Soziologie, Psychologie, Anthropologie die typisch modernen Wissenschaften, die, wenn sie verabsolutierend das Sein des Menschen im ganzen zu erkennen meinen, als hoffnungsloser Ersatz der Philosophie zu verwerfen sind. Erst aus dem Umschlag entspringt die Philosophie, welche als gegenwärtige Existenzphilosophie heißt. Sie findet heute einen Stoff ihrer Sprache in den Gebieten, welche als Erkenntnis vom Menschen durch sie zugleich begrenzt und gesichert werden. Aber sie überschreitet sie im Zugehen auf das Sein selbst. Die Existenzphilosophie ist die Philosophie des Menschseins, welche wieder über den Menschen hinauskommt.

1. Die Wissenschaften vom Menschen.

Soziologie. — Da der Mensch nur ist durch seine Gesellschaft, der er Dasein, Tradition und Aufgaben verdankt, so ist seine Natur zu studieren durch das Studium der Gesellschaft. Der einzelne Mensch scheint unbegreiflich, nicht aber die Gesellschaft. Statt eines Wissens vom Menschen als einzelnen wird das Wissen von den Gesellschaftsbildungen zu seinem Sein führen. Gesellschaftskörper, Kulturgestalten, die eine Menschheit sind die Aspekte des Menschseins. Solche Soziologie gibt es in mannigfachen Abwandlungen.

Zum Beispiel glaubt die marxistische Ansicht der Dinge wissenschaftlich das eigentliche Sein des Menschen zu begreifen. Der Mensch ist Resultat seiner Vergesellschaftung als der Weise des Produzierens der daseinsnotwendigen Dinge. In seinen Besonderheiten ist er Ergebnis des Ortes in der Gesellschaft, an dem er steht. Sein Bewußtsein ist Funktion seiner soziologischen Situation. Seine Geistigkeit ist Überbau über der materiellen Wirklichkeit einer jeweiligen Gestalt der Daseinsfürsorge. Weltanschauungen sind Ideologien zur Rechtfertigung der besonderen Interessen in einer typischen Situation. Die gemeinsam in ihr stehen, heißen eine Klasse. Die Klassen verändern sich mit der Veränderung der Produktionsmittel. Heute gibt es zwei Klassen, Arbeiter und Kapitalisten. Der Staat ist Herrschaftsmittel einer Klasse, welche die anderen unterdrücken will. Die Religion ist für die anderen das Opium, das sie beschwichtigt und in Abhängigkeit zufrieden hält. Aber dieses Resultat der Klassenverschiedenheit ist nur notwendig in einer vorübergehenden Zeitspanne der Entwicklung der Produktionsmittel. Am Ende steht die klassenlose Gesellschaft, in der es keine Ideologien und darum auch keine Religion, keinen Staat und darum auch keine Ausbeutung gibt, sondern nur die eine Menschheit als Gesellschaft, welche in gerechter Ordnung in der Freiheit aller für die Bedürfnisse aller sorgt. Der Mensch steht in der geschichtlichen Bewegung zu diesem Ziel, das notwendig eintreten muß durch den aktiven Willen der Mehrzahl, vorläufig aber noch einer Minderheit, welche die Avantgarde auf dem Marsch in die bessere Zukunft ist. Der Mensch hat sein Wesen begriffen und kann jetzt planen und fördern, was an sich notwendig kommen muß. Sein Sein und sein Bewußtsein werden nicht mehr getrennt sein sondern eins werden. Der Mensch war abhängig von den Sachen, die er hervorbringt, ohne es zu wissen. Jetzt wird er ihrer Herr, indem er sein gesamtes Dasein nach wissenschaftlicher Erkenntnis seines unausweichlichen Ganges in die Hand nimmt. Statt der Hingabe an Staat oder Kirche ergreift er, was er ist, durch Hingabe an die Klasse, welche Ursprung der freien, klassenlosen Gesellschaft sein wird, an die Proletarier.

Jedoch diese gesamte Ansicht ist nicht wissenschaftliche Erkenntnis, sondern ein Verstandesglaube, der vor der Frage, ob er selbst nicht die Ideologie einer Klasse ist, sich nur durch die blinde geistige Brutalität solcher Glaubensart hält. Aus ihm geht, wenn der Glaube erlahmt, die Auffassung hervor, welche jede mögliche Position von vornherein für Ideologie erklärt, weil sie jede aus Voraussetzungen, die nicht in ihr selbst liegen, verstehen will. Alles ist nur relativ, nichts es selbst, außer den materiellen Interessen und den Trieben des Menschen. Solche Soziologie erkennt aber in der Tat nichts mehr, sondern drückt nur den Glauben an das Nichts aus, indem sie für alles, was vorkommt, ihre Etikettierungen wiederholt.

Der Marxismus ist nur das bekannteste Beispiel soziologischer Analyse. In solchen Untersuchungen werden bestimmte partikulare und relative Erkenntnisse gewonnen; aber sie werden zugleich zum Ausdruck geistigen Kampfes um die Weisen des Menschseins. So ist ihnen gemeinsam das absolute Behaupten eines Seins. Argumentationen lassen sich unter solchen wechselnden Voraussetzungen beliebig gestalten und gegeneinander ausspielen. Der Mensch als er selbst geht in solchem vermeintlichem Wissen jedesmal verloren.

Der entscheidende, das Wissen als Wissen erst begründende und darum den Menschen befreiende Schritt wird getan, wenn der Sinn eines objektiven Erkennens von der Willensäußerung in der gegenwärtigen geschichtlichen Lage nicht nur in der Theorie scharf getrennt wird, sondern auch im Leben das Ziel radikalen Tuns bleibt. Dieser Schritt ist in unserer Zeit von Max Weber getan.

Soziologie ist bei ihm nicht mehr Philosophie des Menschseins. Sie ist partikulare Wissenschaft von menschlichem Sichverhalten und seinen Konsequenzen. Die erkennbaren Zusammenhänge sind ihm relativ; er weiß, daß die Quantität eines Kausalfaktors in der unendlichen Verflechtung geschichtlicher Wirklichkeit niemals abzumessen ist: das Bild eines Ganzen kann nur ein Aspekt in gegenständlicher Anschauung, nicht ein Wissen vom wirklichen Ganzen werden. Diese relativistische Erkenntnis läßt den Menschen als ihn selbst unangetastet. Er ist es, für den die Einsichten zu Möglichkeiten und Grenzen werden; er erfaßt Erkennbarkeiten seiner Situation im Dasein, aber er hebt sich nicht in das Gewußte und Wißbare auf. Diese Stellung verlangt, daß die möglichen Einsichten in ihrer Relativität zum Besitz werden und gegenwärtig sind, wo in Verantwortung etwas getan wird; sie verbietet aber, die Verantwortung auf ein dogmatisches Wissen als eine objektive Richtigkeit abzuschieben, und fordert, Gefahr und Wagnis des echten Handelns in der Welt zu übernehmen.

Psychologie. — Die Psychologie war früher ein Glied im gedachten Bau des Daseins. Sie gab konstruktiv aus metaphysischen Prinzipien ein Schema der Elemente und Kräfte der Seele, illustrierte es mit Alltagsbeobachtungen oder mit Erzählen wunderbarer Begebenheiten. Sie wurde im 19. Jahrhundert ein Aggregat von sinnesphysiologischen und leistungspsychologischen Feststellungen, notdürftig zusammengebracht durch Theorien eines zugrundeliegenden Unbewußten. Verzettelt in tausend gleichgültige Nichtigkeiten, als Experimentierbetrieb sich immer mehr im Nichtigen ergehend, war sie schließlich nur noch die Larve einer Wissenschaft. Neue Tiefe hatte sie als Vehikel existenzphilosophischen Denkens bei Kierkegaard und Nietzsche offenbart. Empirische Entdeckungen unerwarteter Art kamen in Tierpsychologie und Psychopathologie hinzu. Ein psychologisches Deuten aller Dinge beherrschte Roman und Drama.

In der Verwirrung von Lehren und Tatsachen, weltanschaulichen Antrieben und objektiver Forschung, Bewußtseinsbeschreibungen und Spekulationen über das Unbewußte, von Psychologie ohne Seele und Seelengespinsten erstand kein Forscher, der sie gelöst und das Wißbare in innere Zusammenhänge gebracht hätte unter methodischer Begrenzung auf empirische, objektiv zwingende und relative Einsichten.

Allgemeingut unserer Zeit wurde Psychologie zuletzt in einer für jetzt charakteristischen Gestalt als Freud's Psychoanalyse. Wenn diese das Verdienst hat, in der Psychopathologie unbeachtete Tatsachen ins Feld der Aufmerksamkeit zu rücken, so hat sie doch den Mangel, diese Tatsachen nicht einwandfrei bestimmbar gemacht zu haben; denn es fehlt trotz immenser Literatur bis heute die wirklich genügende und überzeugende Kasuistik. Sie hält sich im Bereich des Plausiblen, das im Augenblick wohl schlagend erscheinen mag, dessen Sinn und Tragweite aber von unwissenschaftlichen Menschen nicht begrenzt werden kann.

Die Psychoanalyse sammelt und deutet Träume, Fehlleistungen, unwillkürliche Assoziationen, um in die Hintergründe des Unbewußten zu dringen, von dem das bewußte Leben bestimmt wird. Der Mensch ist die Marionette seines Unbewußten; wenn er dieses erhellt, wird er seiner Herr. Im Unbewußten liegen die Grundtriebe, die als Libido zusammengefaßt und vor allem als erotischer Trieb beachtet werden. Macht- und Geltungstriebe, schließlich ein Todestrieb kommen hinzu. Die Lehren werden niemals einheitlich, auch nicht etwa heuristisch für einen Augenblick, um von da mit klarer Fragestellung voranschreiten zu können, sodaß durch Forschung etwas entschieden würde. Man beruft sich darauf, daß man Empiriker sei, um mit endlosem Stoff Jahr für Jahr im Grunde dasselbe zu sagen. Die Selbstreflexion des redlichen Menschen, wie sie nach langer christlicher Entwicklung in Kierkegaard und Nietzsche die Höhe erreicht hat, ist hier denaturiert zur Aufdeckung sexueller Begehrungen und typischer Kindheitserlebnisse; es ist die Verdeckung echter, gefahrvoller Selbstreflexion durch ein bloßes Wiederfinden bekannter Typen in einer vermeintlichen Notwendigkeit, welche das menschliche Dasein in seinen Niederungen verabsolutiert.

So findet sich zusammen, was für ratlose Massen geeignet ist, ihnen zu zeigen, was der Mensch sei. Der Instinkt zur Bejahung des Menschen in seinem Allzumenschlichen findet unbeabsichtigte Befriedigung. Die Lehre wird zur Selbstrechtfertigung des Daseins in seiner bloßen Faktizität gebraucht: Eigentliche Wirklichkeit sind die Libido und andere Triebe, wie im Marxismus die materiellen Interessen. Sie sind in der Tat wirklich, aber es kommt darauf an, ihre mögliche Grenze zu finden, und im Menschsein sie als das andere ansehen zu können. Die Psychoanalyse führt stillschweigend zu der Konsequenz, ein Ideal nicht zu erdenken, aber fühlbar zu machen, in dem der Mensch aus aller Spaltung und Gewaltsamkeit, durch die er zu sich selbst kommen kann, nun zurückkehrt zu der Natur, als die er kein Mensch mehr zu sein braucht.

Anthropologie. — Anthropologie geht auf den sichtbaren Menschen in seinem ursprünglichen Wesen. Nicht eine allgemein-menschliche Psychologie ist ihr Ziel, sondern ein typisches Sein des Menschen als das zugleich spezifische eines individuellen Charakters. Psychologie wird zu einem der Mittel, um das Einmalige zu ergreifen in seiner Vitalität als Körperbautypus, Rasse, Charakter, Kulturseele.

Gegen einen Idealismus, der nur einen Geist ohne Wirklichkeit imaginär vor Augen habe, und gegen materialistische Geschichtsauffassung, welche den Menschen zu einer Funktion auflöse, glaubt der anthropologische Blick das Sein des Menschen selbst zu sehen.

Diese Anthropologie ist ein Aggregat, zusammengehalten durch den Grundbegriff der Rasse. **Physische Anthropologie** studiert den Körper, seinen Bau und seine Funktion, in den faktischen Artungen, wie er über die Erdoberfläche verbreitet ist. Sie fixiert mit Genauigkeit in Messungen und anderen Beobachtungen, wie er aussieht. Seine Körperlichkeit ist aber für das Wissen vom Sein des Menschen erst relevant, wenn sie als physiognomischer Ausdruck seines Wesens begriffen wird. Ausdrucksverstehen ist die eigentliche Quelle der Anthropologie, sofern sie das Menschsein ins Auge faßt. Von der Physiognomik und Mimik über Graphologie zur Kulturmorphologie zieht sich eine methodisch analoge Haltung, das intuitive verstehende Sehen des Seins, das sich in der Objektivität der Körperformen, der in der Handschrift fixierten Bewegung, der Werke und Handlungsweisen von Menschen und Völkern artikuliert.

In den zum Teil bedeutenden Werken, in denen dieses anthropologische Sehen zu konkreter Mitteilung geschritten ist, geht zwingendes objektives Wissen und mögliches intuitives Ausdrucksverstehen so durcheinander, daß die Geltung des Einen die Art der Geltung des Anderen für den Leser suggeriert. Es wird gemessen; aber was eigentlich gesehen wird, entzieht sich aller Meßbarkeit und zahlenmäßigen Fixierung. Es werden Tatsachen mitgeteilt, aber sie sind nicht schon der Sinn, der wie selbstverständlich mit ihnen identisch gesetzt wird. Denn Ausdrucksehen wird nicht zu zwingendem Wissen, sondern bleibt Möglichkeit und ist, wie es geschieht, wieder selber Ausdruck für das Wesen des so Sehenden. Ihm erscheint im Ausdruck nicht bloße Naturgegebenheit, sondern das Sein der Freiheit.

Die anthropologische Auffassung nimmt die Möglichkeiten geistigen Sehens in sich auf, um das von ihnen Ergriffene sogleich zu einem naturalistischen Sein zu degradieren. Ihr Denken ist beherrscht von dem Maßstab vitaler Dauer, von den Kategorien des Wachsens und Absterbens; ihre unwillkürliche Voraussetzung ist, man könnte pflegen, züchten, herstellen, eingreifen. Die Vielfachheit des Menschen ist nicht Erscheinung von Existenz in ihrem Dasein als Geschichtlichkeit und Schicksal.

Der Impuls dieser Anthropologie ist nicht die Suche nach Rechtfertigung der durchschnittlichen Gewöhnlichkeit. Umgekehrt treibt eine Liebe zum adligen Menschenbild und der Haß gegen das Unedle in dieses Denken. Es entstehen Aspekte des Menschen als Leitbilder und Gegenbilder. Die Typen sind das, zu denen hin oder gegen die ich selbst sein möchte. Volkstypen, Berufstypen, Körperbautypen werden objektiv unterschieden, doch so, daß das Unterscheiden in jedem Augenblick von heimlicher Liebe und Abneigung geführt ist.

Ein anderer Impuls ist, sich kennen zu lernen im Reichtum des Möglichen. Man sieht sich neu und ist unersättlich im Blick auf Menschen. Berufe, Parteien, Völker werden durchbrochen, um Mensch mit Mensch aus größter Ferne in nächste Beziehung zu bringen. Man kennt eine Verwandtschaft, die man dann in den Bildern des höheren Ranges objektiviert.

Aber dieses Verfahren, das Existenzphilosophie zu werden schien, ist von ihr durch einen Abgrund getrennt, wenn es sich verabsolutiert zur Seinserkenntnis. Denn in ihr steckt der Impuls, sich das eigene Sein billiger zu machen; aus dem Sein der Freiheit wird es zu einem gegebenen Sein, das nun einmal so ist, als Rasse. Eine Neigung, sich seinsmäßig für edler zu halten, oder, weil man nun einmal niedriger sei, auf Ansprüche an sich zu verzichten, läßt die Freiheit in einer naturalistischen Notwendigkeit erlahmen. —

In Soziologie, Psychologie und Anthropologie haben wir die Aufmerksamkeit nur je auf ein einziges Beispiel gelenkt.

Denn Marxismus, Psychoanalyse und Rassentheorie sind heute die verbreitetsten Verschleierungen des Menschen. Das gradlinig Brutale im Hassen und Preisen, wie es mit dem Massendasein zur Herrschaft gekommen ist, findet darin seinen Ausdruck: im Marxismus die Weise, wie Masse Gemeinschaft will; in der Psychoanalyse, wie sie die bloße Daseinsbefriedigung sucht; in der Rassentheorie, wie sie besser als andere sein möchte.

In ihnen stecken Wahrheiten, aber sie sind bisher nicht rein herausgebracht. Jeder von uns wird einmal fasziniert vom kommunistischen Manifest; er hat dadurch einen neuen Blick in mögliche Kausalzusammenhänge von Wirtschaft und Gesellschaft gewonnen; jeder Psychopathologe weiß, daß in der Psychoanalyse etwas sichtbar wurde; was in der Rasse nicht einmal als Begriff getroffen ist, wird doch wahrscheinlich etwas sein, das über die Zukunft der ganzen Menschheit in deren Voraussetzungen entscheidet, aber was und wie das ist, was hier berührt wurde, das wird nicht klar. Am relevantesten sind die aus dem Marxismus erwachsenen partikularen Einsichten.

Ohne Soziologie ist keine Politik zu machen. Ohne Psychologie wird niemand der Verwirrungen Herr im Umgang mit sich selbst und mit den anderen. Ohne Anthropologie würde das Bewußtsein für die dunklen Gründe dessen, worin wir uns gegeben sind, verloren gehen.

In jedem Fall ist die Tragweite des Erkennens begrenzt. Keine Soziologie kann mir sagen, was ich als Schicksal will, keine Psychologie deutlich machen, was ich bin; eigentliches Sein des Menschen kann nicht als Rasse gezüchtet werden. Überall ist die Grenze dessen, was sich planen und machen läßt.

Erkenntnisse sind zwar Anlaß, mit ihnen zu handeln, um den erwünschten Gang des Daseins zu fördern. Aber der Mensch kann nur wahrhaftig sein, wenn er wirkliche Erkenntnis von bloßen Möglichkeiten unterscheidet. Die Theorie von der Diktatur des Proletariats, die psychotherapeutischen Vorschriften der Psychoanalyse, die Züchtungsanweisungen der Rassentheoretiker sind bei vagem Inhalt brutalisierende Forderungen, welche schon im Beginn ihrer Verwirklichung etwas ganz anderes sind und bewirken, als es vorher schien.

Denn Marxismus, Psychoanalyse und Rassentheorie haben eigentümlich zerstörende Eigenschaften. Wie der Marxismus alles geistige Dasein als Überbau zu entlarven meint, so die Psychoanalyse als Sublimierung verdrängter Triebe; was man dann noch Kultur nennt, ist wie eine Zwangsneurose gebaut. Die Rassentheorie verursacht eine Auffassung von der Geschichte, die hoffnungslos ist; durch negative Auslese der Besten werde der Ruin eigentlichen Menschseins bald erreicht; oder es liegt im Wesen des Menschen, daß er in der Rassenmischung während dieses Prozesses höchste Möglichkeiten erzeugt, um nach Beendigung der Mischung innerhalb weniger Jahrhunderte das marklose Durchschnittsdasein seiner Reste ins Endlose zuzulassen.

Alle drei Richtungen sind geeignet, zu vernichten, was Menschen Wert zu haben schien. Sie sind vor allem der Ruin jedes Unbedingten, da sie sich als Wissen zum fälschlich Unbedingten machen, das alles andere als bedingt erkennt. Nicht nur die Gottheit muß fallen, sondern auch jede Gestalt philosophischen Glaubens. Das Höchste wie das Gemeinste bekommt die gleiche Terminologie umgehängt, um gerichtet in das Nichts zu schreiten.

Die drei Richtungen sind der Zeitwende gewiß; was ist, muß zerstört werden, damit das unbekannte Neue erwachse, oder daß nichts bleibe. Das Neue ist ihnen die Herrschaft des Intellekts. Der Kommunismus auf anderem Wege als Freud, und wieder anders die Rassentheorie erdenken wohl ein Ideal, aber einer Zukunft, in welcher Verstand und Realität statt Illusion und Gottheit gelten. Sie wenden sich gegen jeden, der an etwas glaubt, und entschleiern ihn in ihrem Sinne. Sie beweisen nicht, sondern wiederholen nur relativ einfache Deutungsmanieren. Sie sind unwiderleglich, sofern sie selbst der Ausdruck eines Glaubens sind; sie glauben das Nichts und sind ihres Glaubens eigentümlich fanatisch gewiß in der Dogmatik der Seinsgestalten, mit denen sie sich ihr Nichts verdecken: es gibt zwei Klassen ..., diese Triebe und ihre Umsetzungen ..., diese Rassen .... Der einzelne Vertreter dieser Theorien mag in Wahrheit ganz anders glauben und sich selbst nicht verstehen. Im Sinn dieser Theorien als solcher liegt die geschilderte Konsequenz.

2. Existenzphilosophie.

Soziologie, Psychologie und Anthropologie lehren den Menschen als ein Objekt zu sehen, über das Erfahrungen zu machen sind, mit deren Hilfe es durch Veranstaltungen modifizierbar ist; so erkennt man wohl etwas am Menschen, nicht den Menschen selbst; der Mensch aber als Möglichkeit seiner Spontaneität wendet sich gegen sein bloßes Resultatsein. Es ist nicht schlechthin zwingend für den Einzelnen, als was er soziologisch oder psychologisch oder anthropologisch konstruiert wird. Er emanzipiert sich von dem, was die Wissenschaften über ihn anscheinend endgiltig ausmachen möchten, indem er das wirklich Erkennbare als ein nur Partikulares und Relatives ergreift. Das Überschreiten der Grenzen des Erkennbaren im dogmatischen Behaupten gewußten Seins begreift er als täuschendes Surrogat des Philosophierens; wenn man der Freiheit entfliehen möchte, soll ein Scheinwissen vom Sein rechtfertigen.

Spezifische Sachkunde über die Dinge und über sich als Dasein braucht der Mensch für sein Handeln in jeder Situation und in allen Berufen. Nirgends aber reicht Sachkunde aus. Denn sie wird erst sinnvoll durch den, der sie hat. Was ich mit ihr anfange, das wird erst durch mein eigentliches Wollen bestimmt. Die besten Gesetze, die trefflichsten Einrichtungen, die richtigsten Wissensresultate, die wirksamste Technik lassen sich in entgegengesetztem Sinne benutzen. Sie werden zu nichts, wenn Menschen sie nicht zur gehaltvollen Wirklichkeit erfüllen. Was wirklich geschieht, ist daher nicht nur durch Verbesserung der Sachkunde zu ändern, sondern entscheidend durch das Sein des Menschen; seine innere Haltung, die Weise, wie er sich in seiner Welt bewußt ist, der Gehalt dessen, was ihn befriedigt, ist Ursprung dessen, was er tut.

Existenzphilosophie ist das alle Sachkunde nutzende aber überschreitende Denken, durch das der Mensch er selbst werden möchte. Dieses Denken erkennt nicht Gegenstände, sondern erhellt und erwirkt in einem das Sein dessen, der so denkt. In die Schwebe gebracht durch Überschreiten aller das Sein fixierenden Welterkenntnis (als philosophische Weltorientierung) appelliert es an seine Freiheit (als Existenzerhellung) und schafft den Raum seines unbedingten Tuns im Beschwören der Transzendenz (als Metaphysik).

Diese Existenzphilosophie kann keine runde Gestalt in einem Werk und keine endgiltige Vollendung als das Dasein eines Denkers gewinnen. Ihren modernen Ursprung und zugleich ihre unvergleichliche Ausbreitung hat sie bei Kierkegaard gefunden. Dieser, zu seiner Zeit in Kopenhagen eine Sensation, bald vergessen, ist kurz vor dem Weltkrieg bekannter geworden, hat aber heute erst seine entschiedene Wirkung begonnen. Schelling hat in seiner späteren Philosophie Wege beschritten, auf denen er den deutschen Idealismus existentiell durchbrach. Aber wie Kierkegaard vergeblich nach einer Mitteilungsmethode suchte und sich mit der Technik der Pseudonyme und seines „psychologischen Experimentierens" half, so begrub Schelling seine echten Impulse und Gesichte in der idealistischen Systematik, die ihm aus seiner Jugend als selbstgeschaffene unüberwindbar anhing. Während Kierkegaard mit dem tiefsten Problem des Philosophierens — der Mitteilung — bewußt umging und vermöge der Absicht, die indirekte Mitteilung gradezu zu wollen, zu einem wunderlich mißratenen Ergebnis kam, das doch jeden Leser aufrüttelt, ist Schelling gleichsam bewußtlos geblieben und erst entdeckbar, wenn man von Kierkegaard kommt. Aus anderen Wurzeln, ohne diese beiden zu kennen, ging Nietzsche Wege der Existenzphilosophie. Der angelsächsische Pragmatismus ist wie eine Vorstufe. Im Zerschlagen des überkommenen Idealismus schien er einen neuen Grund zu legen; was aber dann von ihm erbaut wurde, ist als Aggregat platter Daseinsanalyse und billigen Lebensoptimismus nichts weiter als der Ausdruck eines blinden Vertrauens in die gegenwärtige Verwirrung.

Existenzphilosophie kann keine Lösung finden, sondern nur in der Vielfachheit des Denkens aus jeweiligem Ursprung in der Mitteilung vom Einen zum Anderen wirklich werden. Sie ist an der Zeit, aber bereits heute mehr in ihrem Mißlingen sichtbar und schon dem Tumult verfallen, der aus allem, was in unsere Welt tritt, unzeitigen Lärm macht.

Existenzphilosophie würde sogleich verloren sein, wenn sie wieder zu wissen glaubt, was der Mensch ist. Sie würde wieder Grundrisse geben, um das menschliche und tierische Leben in seinen Typen zu erforschen, wieder Anthropologie, Psychologie, Soziologie werden. Ihr Sinn ist nur möglich, wenn sie in ihrer Gegenständlichkeit bodenlos bleibt. Sie erweckt, was sie nicht weiß; sie erhellt und bewegt, aber sie fixiert nicht. Für den Menschen, der auf dem Wege ist, ist sie der Ausdruck, durch den er sich selbst in seiner Richtung hält, das Mittel, ihm seine hohen Augenblicke zu bewahren zur Verwirklichung durch sein Leben.

Existenzphilosophie kann in bloße Subjektivität abgleiten. Das Selbstsein wird mißverstanden als Ichsein, das solipsistisch sich abschließt als Dasein, das nur dieses sein will. Echte Existenzphilosophie ist das appellierende Fragen, in dem heute der Mensch wieder zu sich selbst zu kommen sucht. Es ist daher begreiflich, daß sie nur ist, wo noch um sie gerungen wird. Aus verwirrendem Durcheinander mit soziologischem, psychologischem und anthropologischem Denken gerät sie in die sophistische Maskerade. Bald als Individualismus gescholten, bald als Rechtfertigung für persönliche Schamlosigkeit benutzt, wird sie der gefährliche Boden eines hysterischen Philosophierens. Aber wo sie echt bleibt, macht sie einzig empfindlich für die Erscheinung des eigentlichen Menschen.

Existenzerhellung führt, weil sie gegenstandslos bleibt, zu keinem Ergebnis. Die Klarheit des Bewußtseins enthält den Anspruch, aber bringt nicht Erfüllung. Als Erkennende haben wir uns damit zu bescheiden. Denn ich bin nicht, was ich erkenne, und erkenne nicht, was ich bin. Statt meine Existenz zu erkennen, kann ich nur den Prozeß des Klarwerdens einleiten.

Die Erkenntnis des Menschen war am Ende, wenn ihre Grenze an der Existenz erfaßt wurde. In der Existenzerhellung, welche die Grenze dieser Erkenntnis überschreitet, bleibt eine Unbefriedigung. Es ist auf dem Grunde der Existenzerhellung noch einmal in eine neue Dimension zu schreiten, wenn Metaphysik versucht wird. Die Schöpfung der metaphysischen Gegenstandswelt, oder die Offenbarkeit des Seinsursprungs ist nichts, wenn sie von der Existenz abgelöst ist. Sie ist, psychologisch betrachtet, nur hervorgebracht, besteht in Gestalten der Phantasie und eigentümlich bewegenden Gedanken, in Erzählungsinhalten und Seinskonstruktionen, welche für jedes zugreifende Wissen sogleich verschwinden. In ihr gewinnt der Mensch Ruhe oder die Klarheit seiner Unruhe und Gefahr, wenn sich ihm das eigentlich Wirkliche zu enthüllen scheint.

Heute sind die Ansätze zur Metaphysik existentiell so verworren wie alles Philosophieren. Aber ihre Möglichkeit ist vielleicht reiner wenn auch schmaler geworden. Weil das zwingende Wissen der Erfahrung unverwechselbar wurde, ist Metaphysik nicht mehr möglich nach Art des wissenschaftlichen Wissens, sondern muß entschieden in einer ganz anderen Richtung ergriffen werden. Sie ist darum gefährlicher als zuvor; denn sie führt leicht entweder in den Aberglauben unter Verleugnung von Wissenschaft und Wahrhaftigkeit, oder in Ratlosigkeit, die nichts mehr zu gewinnen glaubt, weil sie wissen will und nicht wissen kann. Erst wenn diese Gefahren auf dem Grunde der Existenzphilosophie gesehen und bestanden werden, ist die Idee einer Freiheit im Ergreifen der metaphysischen Gehalte möglich. Was die Jahrtausende dem Menschen an Transzendenz gezeigt haben, könnte wieder sprechend werden, nachdem es verwandelt angeeignet wurde.

Sechster Teil: Was aus dem Menschen werden kann.

1. Die anonymen Mächte.

Die Frage nach anonymen Mächten ist nicht die Frage nach dem Unbekannten, das man finden und erkennen wird, um einem neuen Unbekannten wieder in demselben suchenden Verhalten gegenüberzustehen. Erst über das Unbekannte hinaus und im Unterscheiden von ihm stößt der Mensch auf das Unfaßliche, welches nicht das vorläufig Unbekannte, sondern das wesentlich Anonyme ist. Das Anonyme, das begriffen würde, wäre es nie gewesen.

Das Anonyme ist sowohl das eigentliche Sein des Menschen, das in der Zerstreuung zu verschwinden droht, wie das eigentliche Nichtsein, das doch allen Daseinsraum zu beanspruchen scheint. Die Frage nach den anonymen Mächten ist eine Frage nach dem Menschsein selbst.

Anonymität zu beschreiben würde sie aufheben, wenn Beschreibung Erkenntnis würde. Aber Beschreibung ist hier nicht Feststellung, sondern appellierende Möglichkeit.

Verkehrung der Freiheit. — Die moderne Sophistik zeigte Erscheinungen, an die zu erinnern ist. Die Formen der Unklarheit in der Verschleierung, der Revolte scheinbarer Wahrhaftigkeit, der Unsicherheit des Meinens und Wollens sollten den Bestand einer Daseinsordnung sichern oder in bequemer Gradlinigkeit negieren. Sie haben eine Atmosphäre geschaffen, welche das Dasein des Einzelnen verführt, in einer anerkannten Gestalt des Tuns zum allgemeinen Besten sich selbst zu entfliehen. In der Daseinsordnung scheint es von allen Seiten entgegenzukommen, um mich von mir als dem Anspruch des Selbstseins zu befreien:

Sachlichkeit, sinnvoll nur für begrenzte Situationen, wird in ihrer Verabsolutierung zur „neuen Sachlichkeit" eine Maske. In ihr kann man die eigene Dürftigkeit verdecken; man gilt als erfüllte Funktion und hebt seine Geltung durch den Schein grenzenloser Nüchternheit. Man hat Angst vor Wort, Wunsch und Gefühl, verwirft nicht nur den Kitsch als Vortäuschung von Gehalt, sondern nennt auch Kitsch, was die kahl gewordene Sache nicht braucht. Man hat sich eigentlich nichts mehr zu sagen. Es gibt nur die technischen Fragen; nach deren Erledigung bleibt das Stummsein, das nicht die Tiefe des Schweigens, sondern Ausdruck der Leere ist. Der Mensch möchte auf sich verzichten können, sich in die Arbeit wie in Vergessenheit stürzen, nicht frei sein, sondern wieder Natur werden, als wäre sie identisch mit einer technisch ergriffenen Sache.

Entscheidungslosigkeit wurde zur Form des Friedens, den das allgemeine Interesse der Daseinsordnung verlangt. Es ist daher ein geheimer Kampf zwischen einem Willen, der Entscheidung über eigentliches Sein sucht, und dem Willen zur Kampflosigkeit, der nur ein bestehendes Dasein als solches fortsetzt; er würde es auch in den Sumpf gleiten lassen, in welchem die Möglichkeit des Menschseins aufhört. Aber die Daseinsordnung gibt ihm das gute Gewissen, das Rechte zu tun und zu sein, wenn er sich so verhält, daß die eigentlichen Entscheidungen nie verlangt werden.

Doch der Mensch kann sich nicht aufgeben. Er ist als Möglichkeit der Freiheit entweder ihre wahre Verwirklichung oder ihre Verkehrung, in der er keine Ruhe findet. Hineingeraten in die Verkehrung wird er in der Wurzel undurchsichtig. Man hat es mit Vorbauten, mit Umgangsformen, mit Redeweisen zu tun.

In der Verkehrung wendet er sich gegen Freiheit. In heimlicher Liebe zum Sein, das er als Möglichkeit war, ist er gedrängt, es überall, wo es ihm begegnet, zu ruinieren. Sein dunkler Respekt wird zum um so tieferen Haß. Der Daseinsordnungen bedient er sich, um mit unwahrhaftig genutzten Argumenten der Freiheit diese durch die Gewalt des Apparats zu vernichten. Das Wesen der Freiheit ist Kampf; sie will nicht beschwichtigen, sondern verschärfen, nicht gehen lassen, sondern zur Offenbarkeit zwingen. Aber die anonyme Feindschaft gegen Freiheit macht aus dem geistigen Kampf die verkehrte Geistigkeit der Inquisition: während sie das Selbstsein ignoriert, wo sie ihm nichts anhaben kann, sich überall entzieht, wo sie sich stellen müßte, ergreift sie die erste Gelegenheit, wo sie in das Dasein des Selbstseins eingreifen oder es zerstören könnte durch das Urteil einer öffentlichen Macht. Es wird verurteilt, nicht gefragt; es wird zu nahe getreten: was sich in echter Kommunikation gehört, die innersten Haltungen und Verhaltungsweisen zu berühren, wird als Herauszerren privater Dinge hier zur öffentlichen Beeinträchtigung getan. Nur der Verrat an der eigenen Möglichkeit ist zu diesem inquisitorischen Verhalten fähig, das in einer kommunikationslosen Welt überraschend hier und dort plötzlich durchbricht.

In der Verkehrung wird das wahre Bewußtsein der Relativität bloßer Daseinsordnung und der Nichtigkeit der Freiheit vor ihrer Transzendenz zu einem Regieren von allem verwandelt. Das durch die Daseinsordnung nicht zu neutralisierende heimliche Gift der Unzufriedenheit des Eigendaseins bringt ein Leben als verneinendes Schelten statt als Handeln und Arbeiten hervor. Von ihm befallen will ich eigentlich nur immer alles anders, wie es grade ist, nur immer entrinnen, um nur nicht einstehen zu müssen. Die berechtigte Kritik an Zeit und Zuständen, weil in ihnen der Mensch bedroht ist, wird ein lustvolles skeptisches Vernichten, als ob das Neinsagen der Nichtkönner schon Leben sei. Die Welt zertrümmern, — was dann wird, muß sich finden, jedenfalls etwas, das wieder wert ist, zertrümmert zu werden —, ist die bequeme Haltung dieses

Nein. Das Selbstbewußtsein wird negativ gesucht im Preisgeben. In instinktivem Lebensdrang will man aber als nichts doch man selbst bleiben. Man kleidet sich in die unerbittliche Wahrhaftigkeit, welche in ihrer Wurzel doch Lüge ist. Alles im Zeitbewußtsein seit hundert Jahren Gedachte muß als Flitter dieses negierenden Meinens und Sagens dienen.

Der Sophist. — Jede bestimmte Fassung einer Verkehrung ist zu einfach. Denn die Verkehrung des sophistischen Daseins ist eine universelle. Wo sie gefaßt wird, hat sie sich schon wieder verwandelt. Der Sophist, dessen Möglichkeit von der Daseinsordnung als anonymes Menetekel für die Zukunft des Menschen in ihr hervorgebracht wird, kann nur als das unablässige Verkehren geschildert werden; in der Formulierung bekommt er stets schon zu bestimmte Züge:

In scheinbar natürlichster Selbstverständlichkeit ist er doch nie selbst da. In allem versiert, ergreift er nach Belieben jede Möglichkeit, einmal diese, einmal jene.

Er gibt sich immer als Mitarbeiter; denn er will dabei sein. Jeden wesentlichen Konflikt sucht er zu meiden, ihn in keiner Ebene deutlich zur Erscheinung kommen zu lassen. In dem Schleier allseitiger Verbundenheit will er nur Dasein, unfähig zu echter Feindschaft, welche aus hoher Artung gegen die andere auf gleichem Niveau in fragenden Schicksalskampf tritt.

Wo alles sich gegen ihn wendet, kann er sich bücken und ducken, um wieder da zu sein, wenn die Wogen abgelaufen sind. Ihm wird möglich, den vorteilhaften Weg noch dort zu finden, wo alles aussichtslos scheint. Er pflegt überall Beziehungen; er gibt sich, daß man nicht anders kann, als ihn gern haben und fördern. Er ist biegsam im Betrieb, wo Macht ihm begegnet; brutal und treulos, wo keine Macht mehr ist; pathetisch, wo es nichts kostet; sentimental, wo sein Eigenwille gebeugt wird.

Wo er Übermacht und feste Position gewinnt, wird er, eben noch demütig, ausfallend gegen alles, was Sein ist. Im Gewande der Entrüstung wendet er seinen Haß gegen den Adel des Menschen. Denn er hebt auf ins Nichts, was immer ihm vorkommt. Statt vor der Möglichkeit des Nichts zu stehen, glaubt er an das Nichts. Es drängt ihn, sich vor jedem Sein auf seine Weise zu überzeugen, daß es nichts ist. Daher, ob er zwar alles kennt, sind ihm fremd Ehrfurcht, Scham und Treue.

Er stürzt sich pathetisch in die radikale Unzufriedenheit und nimmt die Gebärde an eines Heroismus des Ertragens. Die Haltung der existenzlosen Ironie ist ihm geläufig.

Er ist charakterlos ohne böse zu sein, ist gutmütig und feindselig, bereitwillig und rücksichtslos, und nichts eigentlich. Er tut die kleinen Unanständigkeiten und Betrügereien, und ist auch anständig und ehrlich, aber nie in großem Stil; er ist kein Teufel in Konsequenz.

Nie ein rechter Gegner, stellt er sich nicht, vergißt alles und kennt keine innere Verantwortung, von der er jedoch stets redet. Ihm fehlt die Unabhängigkeit eines Unbedingten, aber ihm bleibt die Ungebundenheit des Nichtsseins, und darin die augenblickliche und beliebig wechselnde Gewaltsamkeit des Behauptens.

Er findet in der Intellektualität die einzige Heimat. In ihr fühlt er sich wohl, weil hier nur die Aufgabe ist, alles in denkender Bewegung als ein Anderes zu fassen. Er verwechselt alles. Wissenschaft kann er aus mangelndem Selbstsein nie zu eigen gewinnen; er schwankt vom Wissenschaftsaberglauben zum Wissenschaft bekämpfenden Aberglauben je nach Situation hin und her.

Seine Leidenschaft ist die Diskussion. Er braucht entschiedene Worte, nimmt radikale Stellungen ein, aber hält sie nicht fest. Was der Andere sagt, nimmt er auf. Er gibt jedem vor, daß, was er sage, auch richtig sei, nur müsse man dieses hinzusetzen und jenes modifizieren. Er geht ganz auf den Anderen ein, um nachher zu tun, als ob das alles garnicht gesagt wäre.

Wo ihm ein selbstseiender Gegner kommt, dem Intellektualität nicht an sich, sondern Medium erscheinenden Seins ist, wird er grenzenlos beweglich; aufs Äußerste erregt, weil ihm sein Dasein als Gelten beeinträchtigt scheint, verschiebt er dauernd den Gesichtspunkt, betritt immer andere Diskussionsebenen, betont einen Augenblick die vollendet objektive Sachlichkeit, um bald persönlich affektiv zu werden; er kommt entgegen, um sich auf eine Formel zu einigen, als ob darin die Wahrheit läge; er wird larmoyant, und bald auch empört; in nichts ist eine Kontinuität. Aber lieber noch ist ihm, vernichtend zersetzt zu werden als gar kein Aufsehen zu machen.

Ihm ist Lebensbedingung, alles rational behandeln zu können. Er nimmt Denkweisen, Kategorien, Methoden ohne Ausnahme auf, aber nur als Redeform, nicht als gehaltvolle Bewegung des Erkennens. Er denkt in syllogistischer Konsequenz, um mit den logisch bekannten Mitteln einen Augenblickserfolg zu erzielen, bedient sich der Dialektik, um in Gegensätzen, was auch immer gesagt wird, geistreich umzuwenden, geht auf Anschauung und Beispiel, ohne je einer Sache nahe zu sein, auf die platte Verständlichkeit, denn er ist rhetorisch um Wirkung, nicht um Einsicht bekümmert. Er rechnet auf die Vergeßlichkeit aller anderen. Das Pathos seiner rhetorischen Entschiedenheit erlaubt ihm, doch aalglatt sich allem zu entziehen, das ihn packen möchte. Er rechtfertigt und verwirft, wie es paßt. Was er sagt, ist eine Spielerei ohne Aufbau in der Folge der Zeit, Kommunikation mit ihm ein Zerrinnen ins Bodenlose. Es wächst nichts, denn er plätschert beliebig. Sich mit ihm einzulassen, bedeutet Selbstvergeudung. Im Ganzen ist er von dem Bewußtsein seines Nichts angstvoll durchdrungen, und will doch den Sprung nicht tun, der ihn zum Sein brächte.

Solch einen Menschen in der Vollendung des Nichtsseins aus der Verkehrung der Freiheit kann es nicht geben. Solche Schilderungen aber sind unabsehbar fortzusetzen. Sie umkreisen eine anonyme Macht, die heimlich sich aller bemächtigen möchte, sei es um uns in sich zu verwandeln, sei es um uns vom Dasein auszuschließen.

Frage nach der Wirklichkeit der Zeit. — Was gegenwärtig wahres Sein ist, welches Sein als Dasein seine Reife des Scheiterns hat, welches noch Keim ist, wie beide der Grund einer Zukunft des Menschseins sind, ist so wenig wie das Sein des Sophisten einem Wissen zugänglich. Es bleibt in der Verborgenheit, schweigt, auch wo sein Träger eine öffentliche Rolle spielt, wird sichtbar jedem Begegnenden, solange dieser selbst dem Sein offen ist, das er durch eigenes Selbstsein sieht.

Die Frage nach dieser eigentlichen Wirklichkeit der Zeit ist ebenso unausweichlich wie unbeantwortbar. Nur Zweifel und Frage sind zu formulieren:

Man zweifelt, ob diese Wirklichkeit in der Öffentlichkeit sich findet als das, was jedermann weiß und wissen kann, was Zeitungen alltäglich feststellen und deuten. Denn sie könnte in dem sein, was hinter diesen Sichtbarkeiten geschieht; in dem, was wenige berühren und noch wenigere in ihrem Handeln schon gegenwärtig sind. Sie wäre ein Leben, von dem vielleicht niemand redet, weil sich niemand seiner gradezu bewußt ist.

Man zweifelt, ob schon geistige Bewegung sei, was in die Breite wirkt, so daß alle teilhaben; diese Zugänglichkeit für alle wäre vielleicht nur das Auslaufen einer schon vergangenen Bewegung, welche, zu Objektivitäten erstarrt, nun zur Unterhaltung dienlich ist. Geistige Bewegung könnte unbekannt der Menge schon zu allen Zeiten Sache eines unsichtbaren Reiches der Geister gewesen sein. Sofern Menschen aus ihm das Steuer führten, wirkte die Bewegung indirekt durch die Motive der Entscheidungen, doch nicht so, daß deren Sinn allen erreichbar werden konnte, noch es heute könnte. Was allen verständlich würde, wäre Daseinsfürsorge in der Einrichtung der Welt, wären die Verhaltungs- und Sprechweisen, überall das Handgreifliche, auf das als solches es eigentlich nicht ankommt.

Man zweifelt, was eigentlich Erfolg sei. Erfolg in der Welt ist sichtbar durch Quantität öffentlicher Zustimmung, durch Geltung in dem, was man redet, durch Erwerb bevorzugter Stellungen, durch Geldgewinn. Wer als er selbst in die Welt tritt, wird um der Erweiterung der Daseinsbedingungen willen diesen Erfolg suchen, aber der Erfolg wird erst eigentlich Erfolg, wenn er im Selbstwerden als Aufbau eines erfüllten Lebens durch die erweiterten Daseinsbedingungen in deren Meisterung zu wirklicher Gegenwart des Menschen wird.

Was als Gegenwartsbild zu entwerfen ist, ist niemals diese Gegenwart schlechthin. Jeder lebt in der Welt, die noch ungewußte Möglichkeiten hat. Es ist wie ein Gesetz, daß, was man weiß, schon nicht mehr der Weg der substantiellen Geschichte ist. Das eigentlich Wirkliche geschieht fast unmerklich und im Anfang einsam und zerstreut. Die neue Generation ist jeweils kaum die, von der man redet. Die Menschen unter der Jugend, von denen nach dreißig Jahren die entscheidenden Taten getan werden, sind aller Wahrscheinlichkeit nach still, wartend; aber jetzt schon, anderen unsichtbar, setzen sie ganz sich ein in uneingeschränkter geistiger Disziplin ihrer Existenz. Sie haben den Sinn für Zeit und antizipieren nichts. Niemals ist feststellbar, wer es ist. Alle Ausleseverfahren sind die groteske Anmaßung des seiner Grenzen nicht bewußten technischen Verstandes. Wenn man es vorher wissen könnte, wäre es schon, und brauchte nicht durch das Schicksal eines Lebens verwirklicht zu werden. Anerkennung gibt es für Begabungen, Fleiß, Zuverlässigkeit, nicht für die Anonymität als Voraussage eigentlichen Seins und als Bestätigung des Ranges.

Das Anonyme ist wortlos, ohne Ausweis, ohne Anspruch. Es ist der Keim des Seins als seine unsichtbare Gestalt, solange es noch im Wachsen ist und die Welt ihm keinen Widerhall gewähren kann. Es ist wie eine Flamme, welche eine Welt durchglühen könnte, oder die in einer zum Aschenhaufen gewordenen Welt sich zusammenzieht zu dem glimmenden

Funken, der sich bewahrt, um einmal neu zu entzünden, oder im endgiltigen Ende sich dem Ursprung rein zurückzugeben.

Der gegenwärtige Mensch. — Heute ist ein Held nicht sichtbar. Man scheut das Wort. Die welthistorischen Entscheidungen liegen nicht in der Hand eines Einzelnen, der sie ergreift und eine Spanne Zeit allein bei sich halten kann. Entscheidung ist absolut nur im persönlichen Schicksal des Einzelnen und scheint fast immer nur relativ im Schicksal des gegenwärtigen Riesenapparates. Nur das Bewunderungsbedürfnis der Massenseele schafft sich seine Helden, wenn es sich auf Virtuosentum und Lebenswagnis und politische Repräsentation richtet, für den Augenblick ein Individuum ins Zentrum der Aufmerksamkeit rückt, aber in Kürze gänzlich vergißt, wenn das Rampenlicht sich bereits auf einen Anderen lenkt.

Das mögliche Heldentum des Menschen ist heute in der Tätigkeit ohne Glanz, im Bewirken ohne Ruhm. Es bleibt ohne Bestätigung, wenn es, dem Alltag gewachsen, die Kraft des Aufsichselbststehens ist. Es wird nicht bezaubert von unwahrhaftigen Erwartungen und von falschem es vor sich selbst verschiebendem Widerhall. Es verwirft die Erleichterung durch das, was alle tun und jedermann billigt, und läßt sich nicht erschüttern durch Widerstand und Ablehnung. Ihm eignet die Verläßlichkeit im Gehen eines Weges. Dieser Weg ist das Wagnis der Isolierung, wenn die Nachrede, solche anmaßende Eigenwilligkeit werde verdientermaßen allein stehen gelassen, fast hineinzwingt in das, was alle wollen. Darin ohne Eigensinn und ohne Schwäche seine Richtung zu halten, nicht im Augenblick düpiert zu werden, auch noch in der Ermüdung bei ermattendem Verstand den Halt des in das eigene Wesen übergegangenen Entschlusses zu bewahren, ist eine Aufgabe, bei der fast jeder einmal strauchelt. In der Unmöglichkeit, mit sich je zufrieden sein zu dürfen, kann die Unsichtbarkeit des eigenen Seins nur vor seiner Transzendenz unverifizierbare Bejahung erhoffen.

Wenn der Mensch als Held dadurch gekennzeichnet ist, daß er sich bewährt vor der Übermacht, die, jedem Zeitalter eigentümlich, gegen ihn durchsetzt, was sie blind will, so bewährt er sich heute vor der Masse, die ungreifbar ist. Sie darf heute von dem Einzelnen nicht radikal in Frage gestellt werden, wenn er in der Welt leben will; er muß stillschweigend dulden und mittun oder Märtyrer werden gegen diesen Despoten, der still und unmerklich vernichtet. Diese Macht begegnet in den Individuen, die, als Funktion einer Machtgruppe der Allgemeinheit, einen Augenblick deren Willen, wie sie ihn verstehen, exekutieren, um nach Beendigung der Funktion in ihrem Sinne wieder zu nichts zusammenzuschrumpfen. Darum sind sie auch nicht als Individuen faßlich. Der moderne Held als Märtyrer würde seinen Gegner nicht vor Augen bekommen und selbst unsichtbar bleiben als das, was er eigentlich ist.

In der Skepsis unserer Zeit sind die Massenerscheinungen des Aberglaubens wie aus Verzweiflung gesuchte lässige und fanatische Bindungen. Propheten aller Art haben ihre Erfolge. Für die Unabhängigkeit aber bleibt der Weg die nie verleugnete Skepsis gegenüber allem objektiv Fixierten. Der Mensch, der für sie das wahre Sein zum Ausdruck bringt, ist von früheren Propheten radikal unterschieden.

Er ist vor allem nicht als Prophet anerkannt, sondern verborgen; er würde Demagoge, ein ephemer vergötterter, dann abgetaner Führer von Massen, oder eine für eine Gruppe eine Zeit lang sich selbst Facon gebende Kultfigur. Daher wird er es ablehnen, Prophet zu sein; er stößt von sich, wer ihm anhängen will, denn sein Wesen verbietet Unterwerfung; er ist sichtbar nur den Unabhängigen, die im Sehen seines Wesens zu sich kommen. Er will nicht Gefolgschaft, er will Gefährten. Nur im staatlichen Leben als dem Daseinsschicksal aller kann er Gefolgschaft wollen; hier allein wird er als Demagoge Führer und tut in der von ihm geschaffenen Form der Verständlichkeit für alle, was eigentlich wenige verstehen und bleibt doch ver=

borgen als er selbst. Sein Wesen wirkt indirekt; er wird nicht plastische Gestalt; er verkündet keine Gesetze. Nicht versinkend in den Betrieb der kommenden und gehenden Götzen der Daseinsordnung ist er als Selbstsein für Selbstsein; denn er schafft Leben als Anspruch durch Wirkung im Anderen aus dessen eigenem Ursprung, nicht als Idol durch Gegenstand werden für ihn.

Er sagt nicht die Zukunft voraus, sondern er sagt, was ist. Dieses erfaßt er in seiner Fülle als Erscheinung des Seins, ohne noch einen Mythus zu verabsolutieren.

Seine Gestalt ist verwechselbar, seine objektive Leistung mag harmlos sein, sein Erkennen wie zweideutig. Sein Wesen ist offenbares Geheimnis. Aber die Offenheit des grenzenlosen Sehenwollens wird in ihm zum Schweigen, nicht um zu verschweigen, was er weiß und sagen könnte, sondern um nicht in Gesagtes zu ziehen, was in der Existenz durch diese Fälschlichkeit sich selber unklar würde. Diese unaufhebbare Anonymität ist sein Zeichen. Für sie muß jeder in seiner Welt bereit sein, ihren Appell zu hören, ohne sie sich durch das falsche Wort des Anhängens und Erwartens wieder unsichtbar zu machen.

Der Kampf ohne Front. — Das Anonyme ist das eigentliche Sein, für das offen zu sein einzig die Vergewisserung schafft, daß nicht nichts ist. Das Anonyme ist aber auch das Dasein des Nichtseins, dessen Macht unvergleichlich und nicht zu fassen ist, obgleich sie alles zu zerstören droht. Es ist das, womit eins zu werden mich zum Aufschwung bringt, und es ist das, wogegen ich kämpfen muß, wenn ich das Sein suche. Aber dieser Kampf ist wieder einzig. Das Dasein des Nichtseins scheint wie verschwunden und scheint plötzlich alles zu beherrschen. Es ist das schlechthin Unheimliche, das die Unruhe bringt durch die Ungewißheit, wogegen und wofür man kämpfe. Vor ihm scheint nichts übrig zu bleiben als der brutale Kampf um das Dasein in seiner jeweiligen Egozentrizität. Aber diese Auffassung selbst ist eingegeben von ihm, das alles in den Schleier des Nichtseins hüllt, weil es selbst nichts ist.

Wie der Primitive Dämonen gegenüberstand mit dem Bewußtsein, wenn ich ihren Namen kenne, so werde ich ihrer Herr, ähnlich steht der gegenwärtige Mensch diesem Unfaßlichen gegenüber, das ihm seine Berechnungen stört: wenn ich es erst erkannt habe, — so glaubt er wohl — kann ich es zu meinem Diener machen. Wie Analoga der Dämonen sind die anonymen Mächte des Nichts in der entgötterten Welt.

Ein Kampf, in dem man weiß, mit wem man es zu tun hat, ist offen. In der modernen Daseinsordnung ist man jedoch nach jeder augenblicklichen Klarheit betroffen von der Verworrenheit der Kampffronten. Was eben Gegner schien, ist verbündet. Was nach der Objektivität des Gewollten Gegner sein müßte, hält zusammen; was eigentlich antagonistisch scheint, verzichtet auf Kampf; was wie eine einheitliche Front aussah, kehrt sich gegen sich selbst. Und zwar alles in einem turbulenten Durcheinander und Wechsel. Es ist etwas, das mich dem scheinbar Nächsten zum Gegner und zum Bundesgenossen des Fernsten machen kann.

Man könnte sich dieses Bild etwa entstanden denken durch den Kampf zweier Zeitalter, der heute ausgefochten werde, aber so, daß der Einzelne nicht wisse, wo er stehe, und niemand wissen könne, was endgiltig alt und was eigentlich Zukunft sei; das Zeitalter in seinem Wesen sei noch nicht deutlich; so kämpfe man, sich selbst und die Situation mißverstehend, vielleicht gegen den eigentlichen Sinn. Jedoch besteht weder die Einheitlichkeit eines vergangenen noch die eines zukünftigen Zeitalters. Das Wesen des Menschen in seiner Geschichte ist vielmehr ein stetes Zwischen, als die Unruhe seines jederzeit unvollendeten Zeitdaseins. Nicht die Suche nach der Einheit des kommenden Zeitalters kann ihm helfen, vielleicht aber der nie aufhörende Versuch, die anonymen Mächte jeweilig zu entschleiern, die zugleich der Daseinsordnung und dem Selbstsein in die Quere kommen.

Über die zufälligen und ungewollten Kampffronten möchte

der Mensch in die echten und gewollten eintreten. Es sollen die Fronten, die sich als Vorbauten erweisen, weil ihnen kein identischer Wille innewohnt, zusammenbrechen, es sollen die eigentlichen Gegner ihrer ansichtig werden. Was als unfaßlich sich dazwischenstellt, die Klarheit trübt, den Willen lähmt, das Ziel vereitelt: es soll sich zeigen. Erst wenn ich und der andere uns im Kampfe verstehen, wird dieser sinnvoll. Ich will Bewußtheit, um den Gegner zu sehen. Er soll mir nicht hinterrücks bleiben und schon entweichen, wenn ich mich umwende; er soll mir ins Auge blicken und Rede und Antwort stehen. Aber die anonymen Mächte entgleiten und verwandeln sich. Scheine ich sie einen Augenblick zu ergreifen, so sind sie nicht mehr, was sie waren. In manchen Gestalten hören sie auf, eine Macht zu sein, wenn man ihnen keinen Widerstand leistet, sondern sie einfach läßt; aber sie sind in anderer Gestalt unerwartet wieder da. Sie scheinen sich als Gegner so gut wie als Freunde zu geben, werden zweideutig das eine wie das andere. Wem es einmal um etwas unbedingt ernst war, mußte diesen Spuk erfahren. Er durchbricht unser planvolles Dasein und höhlt das Selbstsein des Menschen aus. Oder der Mensch muß dem spukhaften Treiben selber angehören, ohne von ihm zu wissen.

Echte Gegner sind, wo Sein mit Sein im Dasein zu produktivem Kampfe sich stellt. Keine Gegner werden, wo Sein mit dem Nichtsein um Dasein ringt. Es kann hinterrücks geschehen, daß Nichtsein als Dasein in den unfaßlichen Gestalten der Sophistik unmerklich triumphiert.

2. Haltung des Selbstseins in der Situation der Zeit.

Die Weise des Menschseins ist die Voraussetzung von allem. Man kann die Apparate auf das Beste einrichten; wenn die Menschen als sie selbst ausbleiben, ist nichts. Um den Menschen nicht im bloßen Fortbestand des Daseins versinken zu lassen, kann es wie notwendig erscheinen, daß er in seinem Bewußtsein vor das Nichts gestellt wird: er soll sich seines Ursprungs erinnern. Drohte ihm im Anfang seines geschichtlichen Weges, von den Naturmächten physisch vernichtet zu werden, so bedroht jetzt die eigene von ihm hervorgebrachte Welt sein Wesen. Auf einem anderen Niveau als im unbekannten Anfang seines Werdens handelt es sich noch einmal um alles.

Die bloße Daseinsgegenwart im Lebensjubel wie die trostlose Entschlossenheit im Ertragen des Nichts vermögen nicht zu retten. Beide sind wohl unentbehrlich als augenblickliche Zuflucht im Versagen, aber sie reichen nicht aus.

Der Mensch bedarf, um selbst zu sein, einer positiv erfüllten Welt. Wenn diese verfallen ist, die Ideen gestorben scheinen, so ist der Mensch solange sich verborgen, als er nicht wieder im eigenen Hervorbringen die in der Welt ihm entgegenkommende Idee findet.

Aber beim Selbstsein des Einzelnen beginnt, was erst dann zur Welt sich verwirklicht. Wenn diese in seelenloser Daseinsordnung hoffnungslos geworden zu sein scheint, bleibt im Menschen, was im Augenblick zurückgegangen ist in reine Möglichkeit. Fragt man heute verzweifelt, was in dieser Welt denn noch übrig bleibe, so ist für jeden die Antwort: was du bist, weil du kannst. Die geistige Situation erzwingt heute den bewußten Kampf des Menschen, jedes Einzelnen, um sein eigentliches Wesen. Er muß ihn bestehen oder verlieren in der Weise, wie er des Grundes seines Seins gewiß wird in der Wirklichkeit seines Lebens.

Der gegenwärtige Augenblick erscheint wie der schwerste, unerfüllbare Anspruch. In der Krise weltlos werdend soll der Mensch mit den ihm gewordenen Voraussetzungen seine Welt aus dem Ursprung wieder hervorbringen. Es öffnet sich ihm die höchste Möglichkeit seiner Freiheit; er kann sie nur, auch in der Unmöglichkeit, ergreifen oder in seine Nichtigkeit versinken. Geht er nicht den Weg des Selbstseins, so bleibt er übrig als der eigenwillige Daseinsgenuß in den Zwangsläufigkeiten des Apparats, gegen die er sich nicht mehr wehrt. Er muß aus eigener Unabhängigkeit sich in den Besitz seiner Daseinsmechanismen setzen, oder, selbst Maschine werdend, ihnen verfallen. Er muß in Kommunikation das Band von Selbst zu Selbst verwirklichen, mit dem Bewußtsein, daß sich hier alles entscheidet in Treue oder Treulosigkeit, oder er wird einer seelenlosen Verlassenheit seines Daseins in der Funktion überliefert. Er muß die Grenze betreten, seine Transzendenz zu spüren oder in die Täuschung des als schlechthin sich gebenden Seins der Weltdinge verstrickt bleiben. Es werden an ihn Anforderungen gestellt, als ob er ein Titan wäre; er muß sie anerkennen und sehen, was ihm im Selbstwerden gelingt, oder er wird, wenn er sie verwirft, ein Dasein, das weder eigentlich Mensch noch eigentlich Tier sein kann.

Es hilft nicht zu klagen, es werde zuviel auf den Einzelnen gelegt; die Zustände müßten geändert werden. Denn erst aus der Weise des Selbstseins entspringt auch die echte Arbeit an den Zuständen. Ich verrate die eigene Möglichkeit, sobald ich aus dem Anderswerden der Zustände erst erwarte, was ich aus mir sein kann. Ich weiche aus, wenn ich auf ein Anderes lege, was an mir liegen könnte; während dieses Andere nur gedeiht, wenn ich selbst werde, wie ich sein soll.

Gegen die Welt oder in die Welt. — Der erste Schritt erwachender Umsicht des Einzelnen ist die Weise, wie er sich zur Welt stellt. Selbstsein ist, was erst aus einem Sein gegen die Welt in die Welt eintritt.

Der erste Weg führt aus der Welt in die Einsamkeit. Selbstsein, das in dem negativen Entschluß des Sichversagens kein Weltsein ergreift, verzehrt sich in der Möglichkeit. Es kann nur sprechen, um in Frage zu stellen. Unruhe schaffen ist sein Element. Dieser Weg Kierkegaards, als Artikulation im Übergang unausweichlich, würde dann unwahrhaftig, wenn ein Mensch in eigener Festigkeit anderen die Unruhe zumutete.

Wer in der Verwaltung eines Amtes das Leben positiv ergreift, lehrend auftritt, Familie hat, in einer Welt geschichtlichen und wissenschaftlichen Wissens als ihm relevanter lebt, der hat den Weg der Weltlosigkeit des negativen Entschlusses verlassen. Er kann nicht anderen den Boden unter den Füßen wegziehen wollen, ohne ihnen den Boden zu zeigen, auf dem er selbst steht.

Der zweite Weg führt in die Welt, aber nur über die Möglichkeit des ersten Weges. Denn philosophierendes Selbstsein kann nicht mit fragloser Zufriedenheit in seiner Welt stehen.

Heute, wo die Verschlungenheit allen Daseins in den Apparat nicht mehr rückgängig zu machen ist, das Dasein nunmehr im Betrieb ist, die meisten Menschen Arbeiter und Angestellte werden, ist es sinnlos, sich in Beruf und Broterwerb auf sich stellen zu wollen. Teilnahme an einem das eigene Dasein schützenden Interessenverband und Arbeit unter von außen kommenden Zwecken und Bedingungen sind unentrinnbar. Noch sind wohl Reste relativ unabhängiger Enklaven aus der Vergangenheit, — man möchte sie bewahren, wo man sie sieht, als kostbare Möglichkeiten unmoderner Art, die uns ein unersetzliches Menschsein zeigen können —, aber für fast alle wächst die Unerbittlichkeit, im Betrieb zu arbeiten oder zu Grunde zu gehen. Es ist die Frage, wie in ihm zu leben sei.

Zweideutig lockt die Möglichkeit, sich nur gegen die Welt zu stellen. Aber ihr kann sich auf wahrhaftige Weise nur versagen, wer sich vor aller Verwirklichung zum Scheitern verurteilt. Versucht er jedoch, als Dasein eine ihm günstige ökonomische Situation nutzend, von der Welt getrennt sich ganz auf sich zu stellen, so sinkt er in eine Leere, in der er doch der Welt verfallen bleibt; er wird unwahrhaftig in der Flucht aus der Welt, der er sich unter Schelten nur entzieht, um durch Neinsagen doch als ein Sein zu gelten.

Die Wirklichkeit der Welt ist nicht zu überspringen. Die Härte des Wirklichen zu erfahren, ist der einzige

Weg, um zu sich zu kommen. In ihr tätig sein, auch wenn das Ziel ein unmögliches wäre, bleibt die Bedingung des eigenen Seins. Daher ist das Ethos, in den Machtkörpern mitzuleben, ohne von ihnen aufgesogen zu werden. Der Betrieb in der Begrenzung auf das Notwendige erhält das Gewicht, als solidarische Lebensfürsorge aller auch das Tätigkeitsfeld zu sein für den Einzelnen; dieser tut, wodurch, weil alle es tun, jedem Dasein seine Möglichkeit gegeben wird. Aber das Ethos dieser Arbeit schließt die Scheu vor dem Selbstsein ein.

Die Degradierung des Arbeitsfeldes zu einem Relativen scheint die Lust zu nehmen, seine Kraft einzusetzen; jedoch es ist die Existenz des Menschen, diese Ernüchterung aushalten zu können ohne Erlahmen des Tätigkeitswillens. Denn Selbstsein ist nur möglich in dieser Spannung, welche statt zwei Lebensgebiete nur nebeneinander zu stellen, vielmehr vom einen her das andere zu erfüllen versucht, ohne daß eine allgemeingiltige Gestalt des Einswerdens als das einzig richtige Leben für alle möglich wäre. Es ist das Leben gleichsam auf dem Grat, von dem ich abstürze entweder in den bloßen Betrieb oder in ein wirklichkeitsloses Dasein neben dem Betrieb.

Der Sinn des Indieweltretens wird der Gehalt des Philosophierens. Zwar ist die Philosophie nicht ein Mittel, noch weniger ein Zaubermittel, sondern das Bewußtsein in der Verwirklichung. Philosophieren ist das Denken, mit dem oder als das ich als ich selbst tätig bin. Es ist nicht als die objektive Geltung eines Wissens, sondern als das Seinsbewußtsein in der Welt.

Technische Souveränität, ursprüngliches Wissenwollen, unbedingte Bindungen. — Der Eintritt des Selbstseins in seine Welt ist in möglichen Richtungen zu sehen. Vom Technischen führt über das ursprüngliche Wissenwollen der Weg zu den unbedingten Bindungen:

a) Die tägliche Kompliziertheit der technisch gewordenen Welt stellt die Anforderung, sie in der mir zugänglichen Umwelt zu beherrschen. Die Beziehung zu den Dingen ist verwandelt; ferner gerückt bleiben sie in ihrer Gleichgiltigkeit nur die auswechselbare Funktion; Technik hat den Menschen von der unmittelbaren Gegenwart gelöst. Die neue Aufgabe ist, mit der Weise der technischen Verwirklichung wieder zur unmittelbaren Gegenwart des Menschseins bei allen Dingen in der Welt zu kommen; die neuen Voraussetzungen gesteigerter Möglichkeiten müßten in unseren Dienst gezwungen werden. Die Rationalisierung der Mittel des Lebens bis zur Zeiteinteilung und Kräfteökonomie müßte in jedem Einzelnen aus ihm selbst die Möglichkeit wiederherstellen, daß er ganz gegenwärtig sein kann: im Besinnen, im Reifenlassen, im wirklichen Dabeisein bei den Sachen, die die seinen sind. Die neue Möglichkeit ist nicht allein das äußerlich sichere Hantieren in der zweckmäßigen maschinellen Verwirklichung der materiellen Daseinsbedingungen, sondern dadurch eine alle materiellen Dinge übergreifende Freiheit.

Wo das Technische erobert wird, ist der Enthusiasmus des Menschen im Erfinden, das ihn zum Urheber einer Weltveränderung, gleichsam zu einem zweiten Weltbaumeister macht, das Vorrecht derer, die an der Grenze des Erreichten vorstoßen.

Wo das Technische genutzt wird, ist eine Gelassenheit in der Beschränkung auf das Nötige, klarste Zeitökonomie, ein Bewegen ohne Hast und ohne Vergeudung die sich gehörende Haltung. Mit der scheinbar betäubenden Verwickeltheit des Technischen wird doch eine einzigartige Ruhe in einem Dasein möglich, welches über die äußeren Lebensbedingungen und die eigene vitale Körperlichkeit herrscht. Der spielende Gehorsam gegen die Gesetze der geordneten Funktion, von Kindheit an geübt, schafft auch für das Selbstsein den freien Raum.

Die technische Welt scheint die Natur zu zerstören. Man klagt, das Dasein werde unnatürlich. Die künstliche Technik, welche auf ihrem Wege Häßlichkeit und Naturferne in Kauf nehmen muß, könnte aber am Ende einen intensiveren

Zugang zu aller Natur ermöglichen. Der moderne Mensch vermag mit neuer Bewußtheit Sonne und Elemente zu erfahren. Technik bringt die Voraussetzungen, um ein Leben im Ganzen der geographischen Welt, in der Weiträumigkeit von Licht und Luft und aller Weisen ihrer Erscheinung zu führen. Indem alles nahe und erreichbar wird, wird die Heimat weit. In dieser Natureroberung erwächst dann die eigentliche Lust an der unberührten Natur, die ich einsam in sinnlicher Gegenwart an diesem Orte durch die Tätigkeit meines Leibes in ihr mir zur Wahrnehmung bringe und entdecke. Nur indem ich diese Entdeckbarkeit in meiner jeweils unmittelbaren Umwelt erweitere, und mich nicht vom Boden löse, vielmehr diese Lösung nur als eines der technischen Mittel, den Boden mir nah zu bringen, ergreife, kann ich die Chiffre der Natur in den künstlich geschaffenen Möglichkeiten nicht nur auch vor Augen haben, sondern tiefer erblicken.

Mit der Technisierung ist ein Weg beschritten, der weiter gegangen werden muß. Ihn rückgängig zu machen, hieße das Dasein bis zur Unmöglichkeit erschweren. Es hilft nicht zu schmähen, sondern zu überwinden. Dazu muß das Technische das Selbstverständliche sein, das in der Ausübung fast außerhalb des Feldes ausdrücklicher Aufmerksamkeit liegt. Gegenüber der Notwendigkeit, daß jede Tätigkeit zu besserem Gelingen technisch unterbaut sein muß, ist dann das Bewußtsein für das Nichtmechanisierbare bis zur Untrüglichkeit zu schärfen. Eine Verabsolutierung der Technik wäre vernichtend für das Selbstsein; ihm muß jeder Leistungssinn von einem anderen Sinn durchdrungen bleiben. —

b) Das Wissen wird von der technischen Daseinsfürsorge nur aus dem Zweck verlangt, wofür es gebraucht wird. Selbstsein im Wissen aber ist erst im ursprünglichen Wissenwollen. Wird zum letzten Maßstab des Wissens seine Brauchbarkeit, so gebe ich darin mich auf. Bleibt Wissen die Klarheit schlechthin, so erringe ich in ihm mein Seinsbewußtsein.

Das brauchbare Wissen ist nur möglich als ein Resultat des eigentlichen Wissens, das sich in sich scheidet und als ein Besonderes die Welt des zwingend Gültigen und Tatsächlichen findet. Daher ist auch in der technischen Daseinsordnung der entschiedene Sinn für die Weise des Gewußten nur verläßlich, wo Selbstsein ist, das die Grenzen zieht. Wo dieses verfällt, entsteht eine Verwirrung von Gewußtem und Imaginärem. Das verabsolutierte rational zwingende Wissen technisiert vermeintlich alles Sein; es läßt im Mißverstehen den Wissenschaftsaberglauben und alsbald jeden Aberglauben wuchern. Dann kann der Mensch weder zuverlässig erkennen, noch echt er selbst sein, weil ihm nur beides in einem oder keins von beiden möglich ist. Wissenschaft erfaßt nur, wer ursprünglich er selbst ist.

Die Zukunft liegt dort, wo die Spannung der Wissensweisen zusammengehalten wird. Das spezielle Wissen wäre noch durchleuchtet vom Sein und das Philosophieren von der Besonderheit der Welt erfüllt. Dann ist das Selbstsein das höchste Organ des Wissens, das zwar nur sieht in dem Maße, als es sich mit Welt erfüllt, aber auch nur, wenn es selbst gegenwärtig bleibt. Das Leben wird in einem zugleich Verantwortung des sich des Seins vergewissernden Menschen und wie das Experiment des Erkennenden. Was der Mensch forschend, planend und bauend tut, ist, auf das Ganze gesehen, der Weg des Versuchens, auf dem er sein Schicksal findet als die Weise, wie er des Seins gewiß wird. —

c) Das Leben aber als Dasein, das verläuft in einer Summe von Augenblicken, bis es aufhört, hat kein Schicksal; die Zeit ist ihm nur eine Reihe, die Erinnerung gleichgiltig, die Gegenwart zukunftsfrei der nur augenblickliche Daseinsgenuß und seine Störung. Schicksal gewinnt der Mensch nur durch Bindungen, nicht durch die zwangsläufigen, solange sie als fremde ihn in seiner Ohnmacht treffen, sondern durch die ergriffenen, welche die eigenen werden. Diese halten sein Dasein zusammen, daß es nicht beliebig zerrinnt, sondern Wirklichkeit seiner möglichen Existenz wird. Dann zeigt ihm Erinnerung seinen untilgbaren Grund, Zukunft den Raum, aus dem Verantwortung für sein gegenwärtiges Tun gefordert ist. Das Leben wird unbestimmbar ganz. Es hat jeweils sein Alter, seine Verwirklichung, seine Reife, seine Möglichkeit. Selbstsein ist als Leben, das ganz werden will, und als solches nur durch ihm giltige Bindung.

Die Lösung aus geschichtlichen Zusammenhängen zu einem Haufen beliebig ersetzbarer Einzelner als Funktionen im Apparat hat die Tendenz, den Menschen aufzulösen in die kurzen Perspektiven jeweiliger Gegenwart. Bindung ist dann eine relative; sie ist kündbar, immer nur vorläufig, und jede Unbedingtheit gilt als unsachliche Pathetik; in dieser Sachlichkeit wächst das Bewußtsein des Chaos. Darum ruft man heute nach neuen Bindungen, nach Autorität und kirchlichem Glauben. Aber kann auch die Zeit alles herstellen, echte Bindungen lassen sich nicht machen; sie werden von dem Einzelnen in seiner Gemeinschaft frei erzeugt. Wird der Ruf nach Bindungen nur Aufforderung zu künstlicher Ordnung in Gehorsam unter Autorität und formuliertes Gesetz, so wird die eigentliche Aufgabe umgangen, und es tritt ein, was Unbedingtheit unmöglich macht, von der Freiheit befreit, indem es sie lähmt. Der Mensch steht vor der Möglichkeit, entweder sein selbstvergessenes Dasein zu beruhigen in Rückkehr zu autoritativen Formen, welche den Apparat der Daseinsfürsorge heiligen; oder als der Einzelne in seinem Grunde den Punkt zu ergreifen, von dem aus eine ausschließende Unbedingtheit jeweils das Dasein bestimmt.

Wahrhaft kann in der Welt nur bleiben, wer aus einem Positiven lebt, das er in jedem Falle nur durch Bindung hat. Revolte gegen äußere Bindungen ist daher als bloßes Nein unwahr, endigt im inneren Chaos und überdauert wohl noch, wenn der Gegenstand der Revolte garnicht mehr ist; sie ist wahr nur als Kampf der Freiheit um ihren Raum, welche ihr Recht hat allein aus der Kraft, sich selbst zu binden.

Geschichtliche Einsenkung. — Nur, wer frei sich bindet, ist dagegen gefeit, verzweifelt gegen sich selbst zu revoltieren. Die unerfüllbare und doch zunächst einzige Aufgabe, die dem heutigen Menschen als Menschen bleibt, war: vor dem Nichts auf eigene Gefahr aus seinem Ursprung den Weg zu finden, auf dem das Leben trotz aller Zerstreutheit in der Ruhelosigkeit des Hin- und Hergeworfenwerdens ein Ganzes wird. Vergleichbar der mythischen Heroenzeit schien auf den Einzelnen gleichsam alles gepackt.

Es kommt aber darauf an, daß der Mensch mit dem Menschen in einer geschichtlichen Konkretheit sich in die Welt einsenkt, so daß er in der universalen Heimatlosigkeit faktisch eine neue andere Heimat gewinnt. Die Distanz zur Welt gibt ihm seine Freiheit, die Einsenkung sein Sein. Die Distanzierung ist nicht mit intellektueller Abstraktheit zu leisten, sondern nur in gleichzeitiger Fühlung mit aller Wirklichkeit; die Einsenkung ist nicht ein sichtbarer Akt, der sich rühmt, sondern in stiller Unbedingtheit. Die Distanz zur Welt gibt eine innere Vornehmheit; die Einsenkung erweckt die Menschlichkeit des Selbstseins. Jene fordert Selbstdisziplin, diese ist Liebe.

Zwar ist die geschichtliche Einsenkung, als welche sich die Unbedingtheit möglicher Existenz durch Bindung zu sich bringen kann, nicht nach Vorschrift zu machen; man kann nur appellierend von ihr sprechen. Sie ist als die Kraft der Ehrfurcht, als Konzentration in beruflicher Arbeit, als Ausschließlichkeit in der erotischen Liebe zu treffen.

Die Kraft der Ehrfurcht hält im Blick auf geschichtliche Gestalten menschlicher Größe das Maß fest dessen, was der Mensch ist und vermag. Sie läßt nicht zu, daß zerschlagen werde, was sie sah. Sie ist dem treu, was in ihrem Selbstwerden als Überlieferung wirksam war; sie ergreift, woraus ihr Sein erwuchs, in den besonderen Menschen, in deren Schatten sie zum Bewußtsein kam; sie bewahrt noch als Pietät, welche nie aufgibt. Ihr bleibt als absoluter Anspruch durch Erinnerung gegenwärtig, was in der Welt keine Wirklichkeit mehr hat. — Ist aber, wer dem Einzelnen begegnete, fast stets ohne Gehalt und Rang, wird ihm Enttäuschung über Enttäuschung, so ist es das Maß seines eigenen Wesens, wie weit er hindurchdringen kann, an den zerstreuten Funken des Wahren noch die Leitung seines Weges zu finden, und gewiß zu werden, wo der Mensch wirklich ist.

Arbeit, von Tag zu Tag herangetragen und nichts als das, wird sogleich nach der Leistung in die Bodenlosigkeit des Vergessens sinken. Aber sie wird zur Erscheinung des Selbstseins, wenn dieses aktiv auf lange Sicht in ihr einen Sinn verfolgt, der sich im Arbeitenden zum Aufbau bringt als die **Konzentration auf eine Kontinuität seines Arbeitswillens** in dem Bewußtsein einer Richtung. — Kann er aber dem Zwang der Arbeitslosigkeit oder der beliebigen Verwendung seiner Arbeitskraft infolge der nur in innerer Empörung zu tragenden Zustände nicht entrinnen, so bleibt doch wieder das Maß seines eigenen Wesens, wie weit er durch seine Tätigkeit in dieser letzten Armut noch eine Nähe zu den Dingen erfahren kann, und bleibt die schwer zu erfüllende und nie vom Anderen zu verlangende Wahrheit, obgleich ich Amboß bin, als Hammer zu vollziehen, was ich erleiden muß.

Die **Ausschließlichkeit in der Liebe der Geschlechter** bindet zwei Menschen ohne Bedingung für jede Zukunft. Sie wurzelt unbegründbar in der Entscheidung, welche das Selbst im Augenblick, wo es eigentlich zu sich kam durch den Anderen, an diese Treue band. Das Negative, sich die polygame Erotik zu versagen, ist die Folge eines Positiven, das als gegenwärtige Liebe nur wahr ist, wenn es das ganze Leben einschließt; das Negative, sich nicht zu vergeuden, ist Folge der kompromißlosen Bereitschaft eines möglichen Selbstseins zu dieser Treue. Ohne Strenge der Erotik ist kein Selbstsein; menschlich erfüllt aber wird Erotik erst durch die Ausschließlichkeit unbedingter Bindung. — Wenn aber der Anspruch an erotische Erfüllung in dem Zauber sich einander folgender Erlebnisse das Glück des Einzelnen will, so bleibt das Maß eigentlich menschlichen Wesens die Gewalt, die, dieses Zaubers Herr, die Forderungen der Natur als unausweichlich nicht anerkennt.

Ehrfurcht ist wie der Grund des Selbstseins, Aktivität im Beruf seine mögliche Wirklichkeit in der Welt, die ausschließliche Liebe des Einen oder die unbedingte Bereitschaft zu ihr die Wahrheit seiner Seele, ohne welche sie unüberwindbare Roheit in sich birgt.

Durch jede Unbedingtheit wird der Mensch gleichsam unnatürlich in einer Härte gegen sich; denn die Echtheit eines Seins in geschichtlicher Unvertretbarkeit ist gebunden an ein unbegründbares Nichtzulassen, Nichtwollen und Sichzusammenhalten. Nur mit einer Gewaltsamkeit gegen sich, welche ihr Pathos hat durch die Möglichkeit der eigentlichen Erfüllung, geht der Weg des Menschen, einst nur durch die zwingende Macht allgemeiner Autoritäten, nunmehr durch die ihm selbst als seine Verantwortung auferlegte Freiheit.

Diese Freiheit in geschichtlicher Einsenkung, sich selbst unbedingt, ist in der Wirklichkeit der Massen gebunden an den Bestand der Autorität geistiger Mächte. Die Spannung zwischen Freiheit und Autorität ist von der Art, daß sie ohne einander sich selbst verlören; Freiheit würde zum Chaos, Autorität zur Despotie. Selbstsein will daher die konservativen Mächte, gegen die es erst jeweils als einzelnes zu sich kommen muß. Es will die Überlieferung, die für alles geistige Leben nur in den autoritativen Gestalten soliden Bestand hat. Obgleich der Kirche nichts an Freiheit liegt, ist sie Daseinsbedingung auch der jeweils sich hervorbringenden Freiheit. Sie bewahrt den Umfang des geistigen Gehalts, den Sinn für das Unerbittliche der tranzendent bezogenen Wirklichkeit, die Tiefe des Anspruchs an den Menschen. Die größte Gefahr wäre ihr unmerkliches

Verfallen an den Massenapparat im stillschweigenden Bündnis mit der Glaubenslosigkeit und damit der Verlust dessen, was in ihr immer wieder zum Ursprung der Freiheit wurde.

Adel des Menschen. — Die Frage, ob menschliche Würde noch möglich sei, ist identisch mit der Frage, ob noch Adel möglich sei. Um die Aristokratie in Gestalt der Herrschaft einer Minderheit als der erblich privilegierten, durch Macht, Besitz, Erziehung und verwirklichtes Bildungsideal aus der Menge herausgehobenen Schicht, die sich für die Gemeinschaft der Besten hält und gehalten wird, handelt es sich heute nicht mehr. Sie konnte selten auf längere Dauer eine Herrschaft der Besten sein. Wenn auch soziologische Aristokratie vorübergehend zu den großartigsten Erscheinungen gehört hat, wurde sie doch bald die Herrschaft einer Minderheit, die, selbst eine Masse, deren typische Züge zeigte: Entscheidung durch Majoritäten, Haß gegen jeden hervorragenden Einzelnen, Forderung der Gleichheit, rücksichtslose Isolierung oder Ausschließung jeder Besonderheit, welche nicht repräsentativ für alle ist, Verfolgung des Überragenden. Die Aristokratie als Herrschaft einer Minderheitsmasse verschafft sich die allen Angehörigen zugänglichen unterscheidenden Qualitäten als soziologische Surrogate des eigentlichen Adels menschlicher Existenz. Daß sie wiederholt eine einzigartige geistige Welt geschaffen hat, war ihrem Ursprung aus echtem Adel und fortdauernder Selbsterziehung zu verdanken.

Soziologisch wird es vielleicht noch weiterhin mächtige Schichten geben, aber barbarische. Das Problem des menschlichen Adels ist jetzt die Rettung der Wirksamkeit der Besten, welche die Wenigsten sind.

Aber diese Aristrokatie kann sich nicht abseits von der Welt halten, nicht in der Pflege persönlichen Lebens mit dem Inhalt einer romantischen Liebe zum Vergangenen sich verwirklichen. Es würden künstliche Gruppenbildungen mit einem unwahrhaftigen Anspruch sein, wenn sie nicht in die Daseinsbedingungen der Zeit, in denen sie faktisch verankert sind, auch in bewußtem Wollen eintreten.

Die Besten im Sinne eines Adels des Menschseins sind nicht schon die Begabten, welche man auslesen könnte, nicht Rassentypen, die sich anthropologisch feststellen ließen, nicht schon geniale Menschen, die außergewöhnliche Werke schaffen, sondern unter allen diesen die Menschen, die sie selbst sind, im Unterschied von denen, die in sich nur eine Leere fühlen, keine Sache als die ihre kennen, sich selber fliehen.

Es beginnt heute der letzte Feldzug gegen den Adel. Statt auf politischem und soziologischem Felde wird er in den Seelen selbst geführt. Man möchte die Entwicklung rückgängig machen, die für das Wesen der neueren, aber jetzt vergangenen Zeit gehalten wird, die Entfaltung der Persönlichkeit. Der Ernst des Problems, wie für den Massenmenschen zu sorgen sei, der nicht willens ist, innerlich auf sich zu stehen, führt zum Aufstand des existentiellen Plebejertums in jedem von uns gegen das Selbstsein, das die Gottheit durch ihre Verborgenheit von uns fordert. Die Möglichkeit, daß der Einzelne sich im Gang seines Schicksals erwirbt, soll am Ende vernichtet werden. Die Instinkte des Massenmenschen vereinigen sich, wie schon öfters, gefährlicher als je, mit religiöskirchlichen und politisch absolutistischen Instinkten, um die universale Nivellierung in der Massenordnung mit einer Weihe zu versehen.

Erst dieser Aufstand richtet sich gegen den eigentlichen Adel im Menschen. Die früheren politischen Aufstände konnten gelingen, ohne den Menschen zu ruinieren; dieser würde, wenn er gelänge, den Menschen selbst zerstören. Denn nicht erst die letzten Jahrhunderte, sondern alle geschichtliche Zeit seit den jüdischen Propheten und griechischen Philosophen, hat das Menschsein als das zu Tage gebracht, was dann die neuere Zeit Persönlichkeit genannt hat. Auf vielfache Weise benennbar ist es doch, objektiv ungreifbar, die stets einzige, unvertretbare Weise des Selbstseins.

Haltung des Selbstseins in der Situation der Zeit. 175

Solidarität. — Wo Menschen wie Staub durcheinander gewirbelt werden, ist Wirklichkeit mit Gewißheit dort, wo Freunde echte Freunde sind in der faktischen Kommunikation ihres Offenbarwerdens und der Solidarität persönlicher Treue.

Aus der Einsamkeit befreit nicht die Welt, sondern das Selbstsein, das sich dem anderen verbindet. Unsichtbare Wirklichkeit des Wesentlichen ist diese Zusammengehörigkeit der Selbstseienden. Da es kein objektives Kriterium des verläßlichen Selbstseins gibt, könnte dieses nicht direkt zu Machtgruppen gesammelt werden. Es gibt, wie man gesagt hat, „keinen Trust der anständigen Leute". Das ist ihre Schwäche; denn ihre Stärke kann nur in der Unsichtbarkeit bestehen. Es gibt die in keinem Vertrag zu fixierende Bindung, welche stärker ist als nationale, staatliche, parteiliche und soziale Gemeinschaft oder als die Rasse. Nie unmittelbar, wird sie erst in ihren Folgen sichtbar.

Das Beste, was heute geschenkt werden kann, ist diese Nähe selbstseiender Menschen. Sie sind sich die Garantie, daß ein Sein ist. In der Welt sind die Gestalten, die als Wirklichkeit mich berührt haben, nicht die Vorübergehenden, die nur gesellig waren, sondern die mir Bleibenden, welche mich zu mir brachten. Wir haben kein Pantheon mehr, aber den Raum der Erinnerung wahrer Menschen, denen wir danken, was wir sind. Es sind uns nicht zuerst entscheidend die nur historisch bekannten Großen, sondern diese in dem Maße, in welchem sie gleichsam wiedererkannt wurden in denen, die uns als Lebende wirklich waren. Diese sind für uns jeweils im sicheren Wissen ihrer Nähe, bleiben ohne Anspruch nach außen, ohne Vergötterung und Propaganda. Sie kommen nicht schon vor unter dem, was öffentlich allgemein und giltig ist, und tragen doch den rechten Gang der Dinge.

Wahrer Adel ist nicht in einem isolierten Wesen. Er ist in der Verbundenheit der eigenständigen Menschen. Sie kennen die Verpflichtung, stets auszuschauen nacheinander, sich zu fördern, wo sie sich begegnen, und bereit zu sein zur Kommunikation, wartend ohne Zudringlichkeit. Ohne Verabredung kennen sie eine Treue des Zusammenhaltens, die stärker ist als Verabredung. Diese Solidarität erstreckt sich noch auf den Feind, wenn Selbstsein mit Selbstsein zu echter Gegnerschaft kommt. Es verwirklicht sich, was etwa in politischen Parteien quer durch alle Trennungen die Solidarität der Besten sein könnte, die sich spürt, auch wenn es nicht zum Ausdruck kommt, weil kein Anlaß ist oder weil die Möglichkeit durch Situationen verbaut ist.

Die Solidarität dieser Menschen hat sich zu scheiden von den überall geschehenden faktischen Bevorzugungen aus Sympathie und Antipathie; von der eigentümlichen Anziehungskraft, die alle Mediokrität auf einander ausübt, weil sie sich wohl fühlt im Ausbleiben hoher Ansprüche; von dem lahmen aber stetig und still wirkenden Zusammenhalten der Vielen gegen die Wenigen. Während alle diese sich sicher fühlen durch die Masse, in der sie sich begegnen und daraus sie ihr Recht ableiten, ist die Solidarität der Selbstseienden zwar unendlich gewisser in der persönlichen Verläßlichkeit bis in die unobjektivierbaren Ausläufer des Verhaltens, aber unsicher in der Welt durch die Schwäche ihrer geringen Zahl und die Ungewißheit des Sichtreffens. Die anderen haben Dutzende von Menschen zu Freunden, die keine sind, diese sind wohl glücklich, wenn sie Einen haben.

Adel der selbstseienden Geister ist zerstreut in der Welt. Wer in ihn eintritt, erwählt sich nicht durch Beurteilung, sondern durch Verwirklichung seines eigenen Seins. Die Einheit dieser Zerstreutheit ist wie die unsichtbare Kirche eines corpus mysticum in der anonymen Kette der Freunde, von der hier und dort ein Glied durch Objektivität seines Tuns anderem, vielleicht fernem Selbstsein sichtbar wird. In diesem gestaltlosen Geisterreich finden sich jeweils einzelne, die sich in gegenwärtiger Nähe entzünden durch die Strenge ihrer Kommunikation. Sie sind jeweils der Ursprung des höchsten Auf=

schwungs, der jetzt in der Welt möglich ist. Nur sie gestalten eigentlich Menschen.

Adel und Politik. — Massen kommen erst in Bewegung durch Führer, die ihnen sagen, was sie wollen; Minoritäten machen die Geschichte. Doch es ist heute unwahrscheinlich, die Masse durch eine Aristokratie, welche sie als die mit Recht herrschende anerkennte, kontinuierlich in Respekt zu halten. Wohl ist es eine Not, daß heute alle Menschen, welche mangels eigentlichen Selbstseins nicht wahrhaftig denken können, doch durch das, was sie gelernt haben, die Sprachlichkeit des Gedachten erwerben und damit hantieren. Aber die Masse drängt unablässig, nachdem sie auf diese Weise am Denken ihr Teil genommen hat.

Es kann daher die Frage sein, wie eine Minorität auf dem Wege über eine augenblickliche Zustimmung der Massen sich die Mittel der Gewalt verschafft, durch die sie dann auch bei mangelnder Zustimmung ihre Herrschaft festhält, um den Massenmenschen, der weder er selbst ist, noch weiß, was er will, zu prägen. Exklusive Minoritäten können im Bewußtsein ihres Adels, unter dem Namen der Avantgarde oder der Fortgeschrittensten, der Willenskräftigsten, der Gefolgschaft eines Führers, des historisch ererbten Vorrangs ihres Blutes, sich zusammenschließen, um auf diesem Wege die Macht im Staate zu ergreifen. Sie formieren sich analog den früheren Sekten: scharfe Auswahl, hohe Anforderungen, strenge Kontrolle. Sie fühlen sich als Elite, als die sie nach Gewinn der Macht sich zu erhalten suchen durch Heranbildung einer Jugend, welche sie fortsetzen könnte. Jedoch, wenn auch in ihrem Ursprung die Kraft des Selbstseins als der Adel des Menschen eine Rolle gespielt haben kann und in den entscheidenden Individuen weiterhin spielt, so ist die Gesamtheit alsbald eine neue, keineswegs aristokratische Masse als Minorität. Es bleibt vielmehr hoffnungslos, in dem durch die Massen bestimmten Zeitalter den Adel des Menschseins in Gestalt einer herrschenden Minderheit zu erwarten.

Adel und Masse sind darum unabsehbar endgiltig keine spezifisch politischen Probleme mehr. Sie kommen wohl noch als Antithese in politischen Argumentationen vor, aber nur noch die Worte sind dieselben, der Sache nach ist es heterogen, ob eine organisierte Minorität gegen die größere Masse herrscht, oder der Adel anonym in der Massenordnung wirkt; ob eine ungerechte und daher unerträgliche Herrschaftsform sich fixiert, oder ob der Adel des Menschseins Raum seiner Verwirklichung findet.

Falscher Anspruch des Adels. — Weil Adel nur in dem Aufschwung ist, in welchem sich das Sein erringt, kann er sich **nicht selbst das Prädikat geben.** Er ist nicht die Gattung, unter die einer fällt oder nicht fällt, sondern der Mensch überhaupt in der Möglichkeit seines Aufschwungs. Weil wir dazu neigen, im bloßen Dasein unser Genüge zu finden, ist die Kraft des Aufschwungs immer in Wenigen, doch auch in ihnen nie endgiltig. Diese sind nicht Repräsentanten der Masse als Gipfel ihres Wesens, sondern eher ihr dunkler Vorwurf. Nur mißverstanden werden sie ihr bekannt.

Der Gleichheitsgedanke ist, wo er sich von der nur metaphysisch zu denkenden ursprünglichen Möglichkeit entfernt und das faktische Dasein der Menschen trifft, unwahrhaftig, daher stillschweigend fast immer verworfen worden. Physiognomische Widerwärtigkeit in Benehmen und Aussehen, das häßliche Lachen, das ekle Vergnügtsein, das würdelose Jammern, das Sichstarkfühlen in der Masse: nur wer im Gemeinen sich gemeinschaftlich fühlt, kann da nicht zurückschrecken. Kein Mensch kann ohne irgendeine Betroffenheit in den Spiegel sehen; je kräftiger er im Aufschwung steht, desto empfindlicher ist er für das Andere in sich selbst. Massenmenschen sind anzuerkennen, sofern sie dienen, leisten, aufblickend den Impuls eines möglichen Aufschwungs kennen, das heißt, sofern sie selbst das sind, was die Wenigen entschiedener sind. Nicht der Mensch als Daseinsexemplar, sondern der Mensch als mögliche

Existenz ist liebenswert, in jedem Einzelnen sein möglicher Adel.

Will aber der Adel im Menschen sich verstehen als ein bestimmtes Dasein und sich auslesen, so verfälscht er sich; der wahre ist anonym als Anspruch des Menschen an sich, der falsche wird Gebärde und Anspruch an andere.

Auf die Frage, ob heute noch Aristokratie möglich sei, bleibt daher nur der Appell an den Menschen, der diese Frage stellt, an ihn selbst. Es gibt hier das geistige Kampffeld in jedem Einzelnen, sofern er nicht endgiltig erlahmt ist.

Das philosophische Leben. — Der Adel des Menschseins kann das philosophische Leben heißen. Geadelt ist, wer in der Wahrheit eines Glaubens steht. Wer zwar einer Autorität überläßt, was er nur selbst sein kann, geht dieses Adels verlustig; wer sich aber der Gottheit anvertraut, verliert sich nicht, sondern erfährt die Wahrheit seines Aufschwungs als Bewegung des endlichen Selbstseins im Scheitern, eine Wahrheit, aus der ihm alles, was in der Welt vorkommt, nicht mehr sein kann, als er sich selbst ist.

Daß der Anspruch an diesen Adel bleibe, ist zuerst Sache der Tradition. Man kann nicht alles im äußeren Handeln erreichen; für das innere Handeln im Zentrum der menschlichen Dinge ist das Wort, das kein leeres Wort ist, sondern die Erweckung des neu Herankommenden werden kann. Das Wort verwandelt sich, aber ist der geheime Faden, an dem eigentliches Menschsein durch die Zeit sich vorantastet. Als das philosophische Leben ist dieses Menschsein, ohne welches der äußeren Wirklichkeit des Weltdaseins die Seele fehlt, der letzte Sinn philosophischen Denkens; an ihm allein hat systematische Philosophie ihre Bewährung.

In der Weise seines philosophischen Lebens liegt die Zukunft des Menschen. Es ist nicht als eine Vorschrift, nach der man sich nur zu richten hätte, auch nicht als idealer Typus vor Augen zu stellen, dem nachzuleben wäre. Das philosophische Leben ist überhaupt nicht das eine, das für alle identisch wäre.

Es ist als das Heer der Einzelnen der Sternschnuppenfall, der, unwissend woher und wohin, durch das Dasein zieht. Der Einzelne wird, wenn auch noch so gering, in ihm mitgehen durch den Aufschwung seines Selbstseins.

Die Situation des Selbstseins. — Der Mensch ist nicht vollendbar; er muß, um überhaupt zu sein, sich in der Zeit verwandeln zu immer neuem Schicksal. Jede seiner Gestalten trägt in der jeweils von ihm hervorgebrachten Welt von Anfang den Keim des Ruins in sich.

Nachdem die Geschichte ihn aus einer Daseinsform in die andere, von einem Bewußtsein seines Seins in das andere getrieben hat, kann er heute wohl sich erinnern, aber er scheint diesen Weg so nicht weiter gehen zu können. Es ist wie am Anfang seines Weges dem Menschen noch einmal etwas geschehen, das darin zum Ausdruck kommt, daß er vor das Nichts geraten ist, nicht nur faktisch, sondern für sein Wissen, und daß er nunmehr mit der Erinnerung des Vergangenen aus dem Ursprung seinen Weg sich neu zu schaffen hat.

Es ist heute, während die Möglichkeiten extensiver Daseinserweiterung ins Unermeßliche gestiegen sind, eine Enge fühlbar geworden, welche der existentiellen Möglichkeit den Atem zu rauben scheint. Seitdem dieses bewußt wurde, ist eine Verzweiflung oder in deren Vergessen eine Bewußtlosigkeit in das menschliche Treiben gekommen, die objektiv betrachtet ebenso gut Ende wie Anfang sein können.

Der Mensch kann der Situation nicht ausweichen, nicht zurücktreten in unwirkliche weil vergangene Bewußtseinsformen. Er könnte sich beruhigen in selbstvergessenem Daseinsgenuß, vermeintlich heimgekehrt zur Natur in den Frieden der Zeitlosigkeit. Aber eines Tages würde die eherne Wirklichkeit ihm wieder vor Augen stehen und ihn ratlos machen.

Dem Einzelnen, ganz auf sich in seiner Nacktheit zurückgeworfen, bleibt heute zunächst nur der Beginn mit dem anderen

Einzelnen, dem treu er sich verbündet. Die ergreifenden Berichte, wie im Kriege zuletzt in weichender Front hier und dort Deutsche standhielten, als Einzelne sich sahen, in ihrem Sichbehaupten und Sichopfern doch das bewirkten, was kein Befehl vermochte, den vaterländischen Boden tatsächlich auch im letzten Augenblick noch vor Zerstörung zu bewahren und ein Bewußtsein von Unbesiegtheit in die deutsche Erinnerung zu senken, diese Berichte zeigen eine sonst kaum erreichte Wirklichkeit wie ein Symbol der gegenwärtigen Möglichkeit überhaupt. Es ist das erste Menschsein, das vor dem Nichts im Untergang nicht mehr seine Welt, aber für die kommende den Anspruch verwirklichen konnte.

Nennen wir den Zustand vor dem Nichts Glaubenslosigkeit, so erzeugt die Kraft des Selbstseins in der Glaubenslosigkeit das innere Handeln im Aufschwung vor der Verborgenheit. Diese Kraft verschmäht, auf äußere Ursachen abzuschieben, was aus Freiheit entspringt oder verloren wird. Sie hält sich zum Höchsten berufen und lebt in der Spannung des auf sich wirkenden Zwanges, in der Gewaltsamkeit gegen das bloße Dasein, in der Biegsamkeit des Relativen, in der Geduld des Wartenkönnens, in der Ausschließlichkeit einer geschichtlichen Bindung. Sie weiß, daß sie scheitert und liest im Scheitern die Chiffre des Seins. Sie ist der Glaube, der philosophisch ist und sich in der Kette der Einzelnen, welche sich die Fackel reichen, neu erzeugen kann.

Es gibt keinen Abschluß. Es ist stets noch zu sehen, was der Mensch sei. In jedem Augenblick aber, in dem ein Mensch seinen Weg geht aus Unbedingtheit, ist in der Zeit, was doch die Zeit tilgt.

Keine Vergangenheit kann ihm sagen, wie er sich zu verhalten habe. Erweckt im Lichte erinnerter Vergangenheit hat er es selbst zu entscheiden. Darin sagt er zuletzt, was ihm die Situation als geistige war: in welchem Gewande er sich des Seins bewußt und gewiß wird, was er unbedingt will, an wen er sich in ihr wendet und auf wen, im Innersten angesprochen, er hört.

Ohne diesen Ursprung bleibt des Menschen Welt nur Betrieb. Wenn das Sein eine Welt werden soll, muß erst sich selbst ergreifen, wer dann in Gemeinschaft einem Ganzen sich hingibt.

Selbstsein ist Bedingung, ohne die eine Welt als von Idee erfüllte Wirklichkeit menschlichen Tuns nicht mehr möglich ist. Weil Selbstsein nur in Einheit mit dem Sein in seiner Zeit ist, so drängt es in allem Widerstand gegen seine Zeit doch zu der Entschiedenheit, nur in dieser Zeit leben zu wollen. Jeder Akt seiner Wirklichkeit wird zum wenn auch verschwindenden Keim einer Weltschöpfung.

3. Betrachtende und erweckende Prognose.

Betrachtende Prognose. — Gegen die Jahrmilliarden der Erdgeschichte sind die 6000 Jahre menschlicher Überlieferung wie die erste Sekunde einer neuen Periode der Umgestaltung des Planeten. Gegen die Jahrhunderttausende, während der nach Knochenfunden menschliche Wesen schon lebten, ist die überlieferte Geschichte wie ein erster Anfang dessen, was aus dem Menschen werden kann, nachdem er aus träge sich wiederholenden Zuständen sich in Bewegung gebracht hat. 6000 Jahre sind zwar, von unserem kurzfristigen Dasein her gesehen, eine sehr lange Zeit; der Mensch hat durch Erinnerung wie von selbst das Bewußtsein des Alters, als ob er in einer Endzeit lebe, heute wie vor zweitausend Jahren: das Beste scheint ihm schon vergangen. Aber die Perspektive in die Erdgeschichte bringt ihm ein Bewußtsein der Kürze seines Unternehmens und der Situation seines noch ersten Beginnens; alles liegt noch vor ihm; die Schnelligkeit der technischen Eroberungen von Dezennium zu Dezennium scheint wie ein untrüglicher Beweis. Doch kann er schließlich fragen, ob nicht die ganze Menschengeschichte nur eine vorübergehende Episode der Erdgeschichte sei; der Mensch könnte zu Grunde gehen und wieder einer unermeßlichen Zeitdauer der bloßen Erdgeschichte das Feld räumen.

Man fragt nach dem Ende der Kohlenschätze, die nur wenig tausend Jahre reichen; nach der Begrenzung aller Energien, die uns zugänglich sind; nach der schließlichen Abkühlung der Erde, mit der alles Leben erlöschen muß. Aber naturwissenschaftliche Tatsachen sind von der Art, daß Schlüsse auf eine unvermeidlich eintretende Zukunft zwar einen hohen Grad von Wahrscheinlichkeit, nicht aber Gewißheit erreichen können. Aus technisch relevanten Situationen sind unvoraussehbare technische Auswege möglich, so gut wie technische Katastrophen. Es ist die Utopie erdenkbar, wie der Mensch in einer ungeheuren Organisation die Hand am Hebel der Erdmaschinerie hält, um nach seinem Willen mit technischen Mitteln erobernd in den Weltraum einzudringen; wie er mit dem Erkalten des Planeten sich, wo er will, in der Welt seine Lebensbedingungen schafft und seinen Raum, statt auf der Erde, in der unermeßlichen Welt überhaupt hat; es wäre als ob am Ende durch den Menschen die Schöpfung zu sich selbst gebracht würde dadurch, daß sie in ihrer Gesamtheit als Material seiner Verwirklichung zur Einheit kommt. Während dies alles unmöglich bleibt, ist wahrscheinlich das Ende an den Grenzen der Technik durch Katastrophen.

Man fragt näher nach dem Ende der Kultur; die Vermehrung der Menschen könnte zu letzten Kriegen führen und mit technischen Mitteln schließlich die technischen Daseinsgrundlagen und damit auch unsere Kultur zerstören. Tatsächlich sind Kulturen zerschlagen worden, so daß die übrigbleibenden Menschen, an Zahl reduziert, barbarisch von vorn anfangen mußten. Es ist die Frage, ob jetzt ein nicht mehr abreißendes Ganze menschlicher Geschichte begonnen hat. Die Einzigkeit der Situation ist, daß auch bei voller Zerstörung eines Erdteils andere Gebiete die Schätze geschichtlichen Erwerbs in die Zukunft retten könnten; aber es ist auch die Gefahr, daß keine Reserven von Völkern mehr außerhalb sind, wenn die Kultur, nun die Erde als Ganzes einnehmend, in sich verfallen würde.

Man fragt, ob nicht das Spezifische unserer Daseinsordnung die größte Gefahr sei, ob in ihr eine Menschenvermehrung möglich ist, welche jedem Einzelnen den Raum so weit verengt, daß schließlich das Menschsein in der Masse geistig erstickt, oder ob eine negative Auslese und Rassenverwandlung möglich ist, die zu einer fortschreitenden Verschlechterung führt, und am Ende aus biologischen Gründen nur eine arbeitsame, im technischen Apparat noch eine Weile funktionierende Menschenart übrig läßt. Es wäre möglich, daß der Mensch an den Mitteln zugrunde geht, die er sich zu seinem Dasein schafft.

Man fragt nach einem dunklen Gesetz unerbittlichen Ablaufs des gesamtmenschlichen Geschehens. Ob nicht eine Substanz langsam aufgezehrt werde, welche einmal mitgegeben wurde. Ob nicht der Niedergang von Kunst, Dichtung, Philosophie Symptom des bevorstehenden Aufhörens dieser Substanz sei. Ob nicht die Weise, wie heute Menschen im Betrieb sich auflösen, wie sie verkehren, ihren Beruf abarbeitend erfüllen, Politik ohne Gesinnung treiben, sich gehaltlos vergnügen, ein Beweis dafür sei, daß sie schon fast zu nichte geworden ist. Wir zwar merken noch im Augenblick des Verlustes, was wir verlieren. Eine baldige Zukunft aber würde garnicht mehr wissen, was war, da sie es nicht mehr versteht.

Solche Fragen und mögliche Antworten führen jedoch zu keinem Wissen vom Weg des Ganzen. Selbst Feststellungen einer Unmöglichkeit, so zwingend sie scheinen, behalten die Fragwürdigkeit eines möglichen Irrtums aus Mangel an Kenntnis von dem, was einmal gekannt sein könnte. Wissend läßt sich etwas stets Einzelnes ergreifen, aber es rundet sich kein Bild des Ganzen, das unausweichlich wäre. Keiner dieser prognostischen Gedanken hat einen philosophischen Charakter. Es sind technische und biologische Gedanken mit teilweise realen Unterlagen.

Der Mensch als mögliche Existenz kann sich in keiner dieser Betrachtungen aufheben.

Wo reale Anhaltspunkte sind, kann man überall nur dahin kommen, daß man sagt: im Augenblick sehe ich keine anderen Möglichkeiten. Unser Verstand wird mit dem Wissen, das uns heute zugänglich ist, und an den Maßstäben, die uns gegenwärtig giltig sind, immer am Ende den unvermeidlichen Untergang sehen.

Worauf es ankommt. — Das vorausschauend betrachtende Wissen vom Lauf der Dinge bleibt ein Wissen von Möglichkeiten, unter denen das, was wirklich wird, nicht einmal vorzukommen braucht. Wesentlicher als ferne Möglichkeiten, die außerhalb der Sphäre dessen liegen, was von uns selbst abhängt, ist es jeweils zu wissen, was ich eigentlich will. Inbezug auf die Zukunft heißt das, worauf es dem Menschen in ihr ankommt. Dann ist die wesentliche Frage, was für Menschen leben werden. Um sie lohnt es sich ihm nur, wenn ihr Dasein Wert und Würde hat in einem Sinne, der mit dem Menschsein, das uns in Jahrtausenden geworden ist, in Kontinuität steht; die Kommenden sollen uns als ihre Vorfahren kennen können, nicht notwendig im physischen aber im geschichtlichen Sinn.

Was aber Menschen eigentlich sind, das ist nicht als Zweck gradezu zu wollen. Denn Menschen sind, was sie sind, nicht einfach durch Geburt, Züchtung und Erziehung, sondern durch Freiheit des je Einzelnen auf dem Grunde seines Sichgegebenseins. Auch bei vollendeter Erkenntnis wäre das, worauf es ankommt, nicht zu machen.

So bleibt, daß ich aus der Vergangenheit die Sprache höre, die mich zum Menschen bringt, und daß ich durch mein Leben sie in die Zukunft spreche. Aber die Betrachtung des Ganzen der Geschichte lenkt von dem ab, wodurch allein Geschichte unsichtbar und unauffällig bewirkt wird. Die aus der Geschichte möglichen

Prognosen bedeuten nur einen Horizont, innerhalb dessen ich handle.

Darum wird betrachtende Prognose des Ganzen, welche sich loslöst vom Wollen, zu einer Ausflucht vor eigentlichem Handeln, das anfängt mit dem inneren Handeln des Einzelnen. Ich lasse mich blenden durch das „Theater der Weltgeschichte" und die Aussagen über einen notwendigen Fortgang, sei dieser marxistisch als Weg zu einer klassenlosen Gesellschaft behauptet, oder kulturmorphologisch als Prozeß nach einem geglaubten Ablaufgesetz, oder dogmatisch philosophisch als die Ausbreitung und Verwirklichung einer endgiltig errungenen absoluten Wahrheit des Menschseins. Frage ich nach der Zukunft des Menschen, so muß ich, wenn die Frage ernst gemeint ist, diese Fassaden, seien sie großartig oder trübselig, fallen lassen und zu dem Quellpunkt des Möglichen kommen, wo der Mensch im weitesten Wissen doch selbst noch hervorbringt, was er sein wird, und nicht im Wissen es schon hat.

Daher ist erstens keine Prognose eine feststehende. Sie bedeutet eine offene Möglichkeit. Ich suche sie gerade, um den Weg der Dinge zu ändern. Je näher die Prognose, desto relevanter ist sie, weil zum Handeln Anlaß gebend; je ferner, desto gleichgiltiger, weil zum Handeln ohne Bezug. Prognose ist das spekulierende Voraussehen des Menschen, der etwas tun will; er sieht nicht das, was unausweichlich geschieht, sondern das, was geschehen kann, und orientiert sich daran. Die Zukunft wird eine durch den Willen abzuändernde Voraussicht.

Prognose ist zweitens sinnvoll bezogen auf die gegenwärtige Situation. Sie schwebt nicht im leeren Raum, bezogen auf einen zeitlosen Betrachter. Die entschiedenste Voraussicht gewinnt, wer in der Gegenwart die tiefste Mitwissenschaft aus eigenem Leben hat. Die Bewußtheit dessen, was ist, gewinnt er erst durch sein Selbstsein in einer Welt, in die er engagiert ist. Er hat die Erfahrung gemacht, daß er den

Blick auf den Gesamtlauf der Dinge ganz verliert, wenn er sich außerhalb stellt als Zuschauer, der gradezu das Ganze wissen möchte; er erfühlt dieses am ehesten in der Erweiterung seines Situationsbewußtseins auf die Grenzen der ihm zugänglichen Welt. Nicht das Sammeln endloser Tatsachen der Gegenwart, sondern der Sinn für die Orte eigentlicher Entscheidungen beseelt ihn. Er möchte Mitwisser werden dort, wo die Geschichte wirklich ihren Gang geht.

Prognose ist drittens nie nur als Wissen, sondern als dieses Wissen schon sogleich Faktor des wirklichen Geschehens. Es gibt kein Sehen von Wirklichem, in dem nicht zugleich Wollen ist, oder das doch Wollen erwecken oder lähmen kann. Was ich erwarte, ist daraufhin zu prüfen, daß ich, indem ich es ausspreche, es zu einem noch so kleinen Teil, sei es mit herbeiführe, sei es verhindere. Zweierlei wird möglich: entweder greife ich mit der Prognose ein und verändere durch sie den Gang der Dinge; oder es geschieht, woran vorher weder wünschend noch fürchtend irgend jemand dachte. Wenn gar ein Wissen die Zukunft behandelt als etwas, das unausweichlich kommen muß, und ich nur die Wahl habe, im Strom oder gegen den Strom zu schwimmen, so ist die Bedeutung solcher Prognose, wenn sie sich gläubiger Köpfe bemächtigt, eine außerordentliche; sie stärkt die Hartnäckigkeit und erleichtert das Tun, wenn die Überzeugung besteht, daß es doch kommen muß, auch wenn ich garnicht handle; sie lähmt den Willen, wenn er als unvermeidlich kommen sieht, was er verabscheut und wogegen aller Kampf vergeblich ist. Aber dieser Glaube ist im Irrtum; er meint mehr zu wissen, als zu wissen möglich ist. Wahrhaftig ist allein die Ungewißheit des Möglichen, die durch das Bewußtsein der Gefahr im Menschen seine ganze Kraft erweckt, weil er sich der Entscheidung bewußt ist. Das geistige Situationsbewußtsein bleibt Wissen und Wille zugleich.

Da der Weltlauf undurchsichtig ist, da bis heute das Beste gescheitert ist und wieder scheitern kann, da also der Weltlauf

auf die Dauer garnicht das ist, worauf es allein ankommt, so wird alles Planen und Handeln in bezug auf ferne Zukunft durchbrochen, um jetzt und hier Dasein zu schaffen und zu beseelen. Ich muß, worauf es ankommt, wollen, auch wenn das Ende von allem bevorsteht. Das Handeln aus Abwehr eines unerwünschten Kommenden wird nur Kraft haben aus dem Willen zur gegenwärtigen Verwirklichung eines eigenen Lebens. Vor dem Dunkel der Zukunft, ihrem Drohen und ihrem Abgrund, ist um so härter der Appell, zu verwirklichen, so lange es Zeit ist. Prognostisches Denken wirft zurück auf die Gegenwart, ohne den Raum des Planens im Möglichen zu verlassen. Gegenwärtig tun, was echt ist, ist am Ende das einzige, was gewiß zu tun mir bleibt.

Dieses aber ist auch der Grund für die kommenden Menschen, die zwar durch die Apparatur bestimmt werden, in der sie zum Bewußtsein erwachen, entscheidend aber durch die wirklichen Menschen, im Blick auf die sie ihr eigenes Menschsein zur Entfaltung bringen. Daher ist es jeweils ein Punkt, wo der Wille zum zukünftigen Menschsein sich zusammendrängt; was aus der Welt wird, entscheidet dann paradoxerweise jeder Einzelne dadurch, wie er in der Kontinuität seines Tuns über sich entscheidet.

Erweckende Prognose. — Betrachtende Prognose möchte wissen, was wird, ohne Einsatz des Denkenden. Erweckende Prognose spricht aus, was möglich ist, weil der Wille durch diese Möglichkeit sich bestimmen läßt; sie bringt über Betrachtung zum Entschluß des eigenen Wollens.

Wenn nicht im Bild sichtbar ist, was aus der Welt wird, so zeigt die Konstruktion der Möglichkeiten nur das Kampffeld, auf dem um die Zukunft gerungen wird. Auf das Kampffeld tritt, was selber wirklich wird. Wer dem Kampf nur zusieht, kann nicht erfahren, um was es sich eigentlich handelt.

Das Kampffeld ist nicht klar. Die faktischen Kämpfe erscheinen oft wie ein bloßes Durcheinander nichtssagender

Gegnerschaften. Erstarrte Fronten kämpfen, weil die Trägheit des Bestehenbleibenwollens sie hält. Vorausschauende Erwägung im Blick auf das gegenwärtig Wirkliche sucht die echten Kampffronten, zwischen denen es um wesentliche Entscheidungen geht. Sie zu sehen, würde mich erwecken, dahin zu gehen, wohin ich gehöre, weil ich es für immer will.

Erweckende Prognose würde die Antwort auf die Frage möglich machen, für welche Gegenwart ich leben will. Sofern die Prognose den Untergang als möglich zeigt, kann die Antwort sein, scheitern zu wollen mit dem, was Selbstsein des Menschen ist.

Die Vergegenwärtigung möglicher Entwicklungsrichtungen gibt Antworten auf die Frage, was es für eine Welt sein könne, an deren Anfang wir stehen. Die Bindung allen Menschendaseins in stabilen Organisationen nimmt schnell zu. Die Verwandlung des Menschen in Funktionen ihres Riesenapparates erzwingt eine allgemeine Nivellierung; man kann weder Menschen hohen Ranges, noch das Ungewöhnliche brauchen, sondern nur das Durchschnittliche in partikularer Begabung; das nur Daseiende und darum relativ Beständige überlebt; der Zwang der Ordnung verlangt Berechtigungen zum Eintritt in die Verbände, Ausschließungen bis zur Aufhebung der Freizügigkeit in jedem Sinne. Der fast leidenschaftliche Drang zur Autorität, die die Ordnung garantiert, möchte die innere Leere ausgefüllt sehen. Die Richtung geht auf einen stabilen Endzustand. Aber was wie ein Ideal irdischer Ordnung anmutet, ist unerträglich für den Menschen, der sein Sein im Anspruch des Freiseins weiß. Diese Freiheit scheint durch die still wachsende Last verwandelter Zustände erdrückt werden zu können. Die allgemeine Meinung wird Despot durch die fixierten Gesinnungen, welche über alle Parteien hinweg als selbstverständlich gelten.

So scheint die Grundfrage der Zeit, ob der unabhängige Mensch in seinem selbstergriffenen Schicksal noch möglich sei.

Es würde zur Frage überhaupt, ob der Mensch frei sein könne; eine Frage, die als wirklich verstandene Frage sich selbst aufhebt; denn wahrhaft verstehend stellt die Frage nur, wer frei sein kann.

In objektivierendem Denken dagegen, das das Freisein des Menschen wie ein daseiendes Leben behandelt und Daseinsbedingungen des Freiseins erfragt, würde der Gedanke möglich, daß die Geschichte des Menschen ein vergeblicher Versuch ist, frei zu sein. Sie wäre der für uns eigentlich seiende, aber scheiternde Augenblick zwischen zwei unermeßlichen Schlafzuständen, von denen der erste als Naturdasein war, der zweite als technisches Dasein wird. Es würde ein Absterben des Menschseins, ein Ende in einem radikaleren Sinne als je zuvor. Freiheit war dann ein Übergang in der Zeit, die für sich selbst in ihrer Transzendenz sich als das eigentliche Menschsein wußte, mit dem Ergebnis des technischen Apparats, den nur sie hervorbringen konnte.

Der Gedanke objektiviert dagegen die andere Möglichkeit als eine unverlierbare, daß die Entscheidung, ob der Mensch in Zukunft frei sein könne und wolle, für ihn und nicht gegen ihn fällt. Zwar hat er in seiner Mehrzahl Angst vor der Freiheit des Selbstseins. Aber es ist nicht ausgeschlossen, daß in den Bindungen des Riesenapparates soviel Lücken bleiben, daß es für Menschen, die es wagen, in einer anderen Gestalt als der erwarteten, möglich ist, ihre Geschichtlichkeit aus eigenem Ursprung zu verwirklichen. Es könnte in der Nivellierung des äußeren Daseins, welche unausweichlich scheint, die Ursprünglichkeit des Selbstseins am Ende um so entschiedener werden. Im Aufraffen am Rande des Untergangs könnte der unabhängige Mensch erstehen, der faktisch die Dinge in die Hand nehmen und das eigentliche Sein bedeuten würde.

Eine Welt vollkommener Glaubenslosigkeit zu denken, in ihr die Maschinenmenschen, die sich und ihre Gottheit verloren haben, und einen zerstreuten, bald vollends ruinierten

Adel vorzustellen, das ist nur formal einen Augenblick möglich. So wie es der inneren unbegründbaren Würde des Menschen widersteht, zu denken, er sterbe, als ob er nichts gewesen wäre, so auch, es würden Freiheit, Glaube, Selbstsein zugrunde gehen, als ob es grade so gut mit einem technischen Apparat ginge. Der Mensch ist mehr als er sich in solchen Perspektiven vor Augen bringt.

Wenn aber die sich überschlagende Vorstellung zu den positiven Möglichkeiten zurückkehrt, so gibt es nicht die einzige, die die allein wahre wäre. Ohne die in kirchlicher Tradition geborgene Religion ist in der Welt kein philosophisches Selbstsein, ohne dieses als Gegner und Stachel keine wirkliche Religion. In einem einzelnen Menschen ist nicht alles. In der gegenwärtigen Prognose müßten sich die Gegner, deren Spannung als Autorität und Freiheit das Leben des unvollendbaren Geistes ist, solidarisch sehen gegen die Möglichkeit des Nichts. Würde die Spannung von Autorität und Freiheit, in der der Mensch als Zeitdasein bleiben muß, in neuen Formen wieder hergestellt, so wäre eine Substanz in der Daseinsmaschinerie erwachsen.

Was geschehen wird, sagt keine zwingende Antwort, sondern das wird der Mensch, der lebt, durch sein Sein sagen. Die erweckende Prognose des Möglichen kann nur die Aufgabe haben, den Menschen an sich selbst zu erinnern.